행복 한 그릇, 건강 한 스푼

반려견의 자연식
펫푸드

Pet Food

김주아 · 전효원 공저

🅱 (주)백산출판사

추천사

안녕하세요. 유튜브 개알남 [개 알려주는 남자] 수의사 이세원입니다.

견생 20세 시대라는 말이 있죠. 제가 유튜브에서 늘 외치는 슬로건입니다.

반려견의 수명이 예전에 비해 많이 늘어났습니다.

여기에는 수의학의 발달과 더불어 보호자분들이 사랑 담아 제공한 반려동물을 위한 양질의 식사가 큰 도움을 주고 있습니다.

많은 보호자분들께서 어떻게 하면 우리 아이들을 건강하게 잘 먹일 수 있을까? 어떻게 하면 우리 아이들에게 사료 외에 맛있는 것을 먹일 수 있을까? 하고 궁금해 하십니다.

혹여 잘못된 정보로 음식을 먹이면 좋은 마음으로 챙겨준 것들이 오히려 건강을 해칠 수 있습니다.

이 책의 저자들은 펫푸드 전문가로 올바른 펫푸드 레시피를 알려주기 위한 여러 활동을 하고 있습니다.

이 책에서는 실제 음식 사진과 함께 다양한 펫푸드의 조리법을 쉽게 알려줍니다.

우리 아이들의 건강과 즐겁고 맛있는 식사를 제공하고 싶은 보호자분들께 추천합니다.

수의사 이세원

Prologue

뒤돌아보면 어릴 적부터 늘 강아지와 함께 있었다.

예쁜 외모와 교양을 겸비한 요크셔테리어 은비, 점잖고 든든했던 진돗개 누리, 누리의 자손들 유비·곰, 자유로운 영혼의 풍산개 마루, 비 오는 날 어쩌다 길을 잃고 우리에게 온 명랑한 예삐, 지금 함께 있는 똘똘이 송이까지⋯ 때론 친구로 때론 보호자로 우리에게 즐거움과 위로를 주었고 사랑과 추억을 남겨준 또 하나의 가족 반려견들.

하지만 어릴 땐 학교생활로, 커서는 직장일로 바쁘게 지내며 정성들여 식사를 준비하기보다는 시판용 사료에 의존했었다. 사료가 반려견들의 건강에 더 좋다는 인식이 있기도 했다. 반려견들에게 자연식은 오래전 사람들이 먹다 남은 음식을 주거나 가끔 생선 대가리나 북어를 끓여 보양식으로 준 것을 기억하는 정도이다.

음식 관련 일을 오래 하면서 반려동물의 음식에도 관심이 생겼고 반려견이 평생 사료만 먹는다는 게 안타까웠다.

제철 식재료에 담긴 영양, 자연의 향, 다양한 질감들⋯ 이런 풍부함을 가진 자연 재료를 사랑하는 반려견에게 먹이면 좋지 않을까 하는 생각에 반려견의 영양학을 공부하고 주식, 간식 등 폭넓게 만들어보기 시작했다.

첫 시작은 가족의 음식을 만들기 전 간이 되지 않은 음식을 반려견용으로 덜어놓는 것이었다. 그런 후 먼저 반려견 송이에게 검증을 받았다.

사료에 익숙해져 있고 편식하는 송이가 자연식에 익숙해지고 적응하도록 천천히 기다리면서 이웃 반려견들의 반응도 살펴보면서 조금씩 재료를 넓혀 나갔다.

반려견의 자연식이 어렵다고 생각할 수도 있다. 그러나 나와 가족을 위해 매일 식사를 준비하듯 반려견에게도 조금만 정성을 들이면 건강한 음식을 만들어줄 수 있다.

단백질이 몇 그램인지, 어떤 영양소가 얼마나 필요한지보다는 꾸준히 먹이는 습관, 반려견의 몸과 건강상태를 관찰하면서 정성 담긴 자연식을 시키다 보면 건강해진 반려견을 볼 수 있을 것이다.

반려동물 1,200만 시대라고 한다. 반려동물과 함께 갈 수 있는 카페, 공원 등 함께할 수 있는 공간들도 다양해지고 있다. 반려동물의 주식도 사료에서 다양한 자연식으로 폭넓어지고 있다. 이제 반려견들의 식사도 건강과 취향을 고려해서 다양하게 만들어 먹이자.

부족하나마 이 책이 또 하나의 가족인 사랑하는 반려견에게 영양과 정성이 가득 담긴 자연식을 제공하는 계기가 되고 미래의 펫푸드 지도자를 꿈꾸는 학생들에게는 첫 번째 참고도서가 되길 기대한다.

몇 번의 파양을 거쳤지만 명랑하고 사랑스러운 가족이 되어준 송이에게도 고마운 마음을 전한다. 송이는 자연식의 모든 음식을 선별해 주는 또 하나의 저자 견이 되어주었다.

더불어 이 책이 나오기까지 도움 주신 많은 분들에게 지면으로 인사를 드리며 곧 더 좋은 결과물이 나오도록 계속 연구하고자 한다.

2024년 5월 김주아, 전효원

Contents

01 반려동물에 대한 이해

02 반려견과 함께 간식 / 베이커리

03 반려견과 함께 자연식 / 화식

부록 **반려견을 위한** 아로마테라피

01

반려동물에 대한
이해

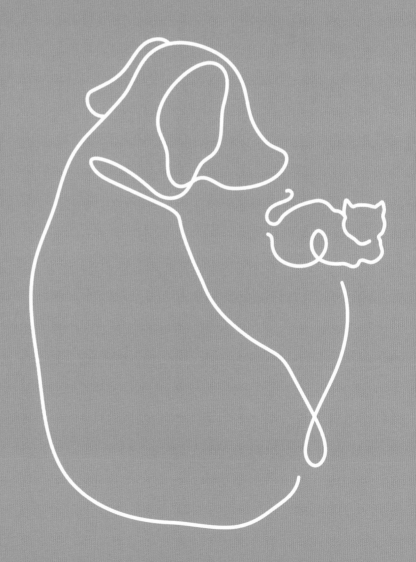

Pet
Food

반려동물에 대한 이해

1. 반려동물의 의미

반려동물이란 인간과 함께 살면서 심리적 친밀감을 교류하는 동물을 일컫는다. 여기에는 개, 고양이, 조류, 고슴도치, 햄스터, 금붕어, 파충류 등의 다양한 동물이 있으며 이 중 개가 반려동물의 85% 정도를 차지하고 있다.

얼마 전까지 애완동물이란 말을 많이 사용했는데 인간에게 즐거움을 주기 위해 사육하는 동물이라는 뜻이어서 요즘은 거의 사용하지 않고 있다.

현대사회에서 반려동물은 인간과 서로 의지하고 상호작용하며 살아가는 또 다른 형태의 가족과도 같은 개념으로 자리 잡아가고 있다.

최초의 동물보호법은 고대 인도 아소카 대왕 시절에 제정되었고 그 이후 1822년 영국의회에서 '딕 마틴'법으로 동물 학대를 금지하는 법이 탄생했다.

현대의 동물보호법에 큰 영향을 준 동물보호법은 1933년 나치독일시대에 제정된 동물복지법으로 동물복지에 대한 광범위한 지원과 동물의 보호를 보장했다.

대한민국에서 동물보호법이 확산되기 시작한 시점도 20세기무렵이다. 반려동물을 키우는 가정이 확산되자 양육자의 동물학대 등이 대두되고, 여러 사유로 유기되는 동물들이 생겨나고 그에 따른 유기동물보호소 환경에 대한 감독과 개선이 사회적 문제로 대두되기 시작했다. 1991년 동물

보호 및 복지수준 향상을 위해 동물보호법을 제정했다.

　현대는 애완동물이 아닌　반려동물로 사람들의 인식이 바뀌면서 반려동물을 위한 수제간식, 수제사료, 반려동물 아로마치료법 등 반려동물 관련 사업 등에 대한 관심도 높아지고 연구자들도 많아졌다. 나아가 반려동물의 건강과 풍요로운 삶의 방식으로 자연식으로의 회귀도 많이 보인다.

기타 단어

- 야생동물 : 자유롭게 이동 가능하며 인간에 의해 길들여지지 않은 척추동물
- 경제동물 : 동물의 생산물, 노동력 등이 주인의 경제 활동과 연관되어 있는 동물

2. 견종 분류

다양한 견종의 유래(산업혁명 이후)

　인간사회가 복잡해짐에 따라 개의 역할도 다양해졌다.

　초기에는 수렵견, 경비견, 목양견 등의 역할이 주를 이루었으며 현재 전 세계를 통틀어 약 400개 이상의 승인된 종 및 이종(변종)의 개가 존재하고 있다.

　개의 유용성, 형태 또는 발생지 등에 의해 종을 분류하기는 하지만 이러한 분류는 임의적인 것이며 궁극적으로 모든 개는 똑같은 혈통을 갖고 있다고 볼 수 있다.

구분	초소형견 toy breeds	소형견 small breeds	중형견 medium breeds	대형견 large breeds
종류	포메라니안, 치와와, 말티즈, 요크셔테리어, 페키니즈 등	시추, 스키퍼키 보더테리어, 프렌치불독, 퍼그 등	보더콜리, 불독, 차우차우, 달마시안, 사모예드, 슈나우저 등	콜리, 에스키모, 그레이하운드, 푸들, 알래스칸맬러뮤트 등
몸무게	1.4~6.5kg	3.2~18kg(27kg)	10~31kg	18~50kg

견종 그룹 분류	
Working group	사역견
Pastoral group	목양(축)견
Gundog group	조렵견
Hound group	하운드
Terrier group	테리어
Utility group	유틸리티
Toy group	토이

Working group : 사역견

수세기 동안 이 품종의 개들은 구조견, 탐지견 등으로 선택되어 개량되어 왔다.

이렇게 인간을 돕는 일을 하다 보니 이 사역견들은 오랫동안 세계적으로 영웅시된 품종들로 구성된 경우가 많다.

복서, 그레이트 댄, 세인트 버나드, 맬러뮤트, 허스키, 마스티프 등이 사역견에 속한다.

Pastoral group : 목양(축)견

목양견들이 관리하는 대상은 소, 양, 순록 등의 가축이 주를 이룬다.

보통 목양견들은 털층이 이중으로 되어 있어 비바람, 눈보라 등 가혹한 날씨에도 견딜 수 있게 개량되었다.

콜리, 올드 잉글리쉬 쉽독, 저먼셰퍼드, 웰시코기, 그레이트 피레니즈 등이 목양견에 속한다.

Gundog group : 조렵견

사냥감을 찾아내고 총에 맞았거나 상처 입은 사냥감을 다시 물어오게 훈련을 받고 그에 맞게 개량되었다. 조렵견 그룹은 크게 리트리버, 스파니엘, 세터, 포인터 이렇게 4가지 소그룹으로 분류할 수 있다.

조렵견들은 상당히 활동적이며 많은 양의 운동량과 관심을 필요로 하곤 한다.

Hound group : 하운드

후각 또는 시각을 이용해서 사냥에 활용되는 견종으로 후각을 이용하는 품종은 비글, 블러드하운드 등이 있고 시각을 이용하는 하운드는 휘펫이나 그레이하운드가 있다.

많은 양의 운동을 필요로 하며 믿음직한 반려견이 될 수 있다.

닥스훈트, 비글, 그레이하운드 등이 하운드에 속한다.

Terrier group : 테리어

테리어는 라틴어로 테라Terra란 단어에서 왔는데 '대지earth'란 뜻을 갖고 있다.

테리어의 용맹함과 끈기로 여우나 오소리, 쥐 등 땅 위와 땅 아래 서식하는 것들을 추적하게끔 개량되었다. 테리어종은 사냥의 목적에만 적합하게 개량되어 왔으므로 미적 요인은 중요하게 다루어지지 않았다가 수십 년에 걸친 브리더들의 노력에 의해 기존의 활달함과 익살스러움을 유지한 채 매력적인 견종으로 개량되었다.

Utility group : 유틸리티

이 그룹은 다양한 품종들로 구성되어 있으며 불독, 달마시안, 아키타, 푸들이 대표적이다.

특히 이종 교배로 탄생된 품종들이 많이 속해 있고 다양하며 대부분의 품종들이 어떤 특정한 기능을 하기 위해 선택적으로 개량되었다.

라사압소, 슈나우저, 샤페이, 차우차우, 프렌치불독 등이 유틸리티에 속한다.

Toy group : 토이

토이 그룹의 품종들은 훌륭한 반려견이 될 수 있지만 지나치게 과잉 보호를 하면 주인에 대한 의존도가 지나치거나 문제행동 등이 발생할 수 있다.

포메라니안, 요크셔테리어, 치와와, 말티즈, 비숑프리제 등이 토이에 속한다.

다양한 개의 역할

반려견, 도우미견, 탐지/수색견, 인명구조견, 경비/경호견, 스포츠견 등이 있다.

3. 개의 영양과 생리

개의 신체적 특징

개는 1만 5천 년 전부터 인간과 함께 살았으며 개와 늑대의 조상에서 동시에 분화되었다는 설이 지배적이다.

개의 학명은 Canis lupus familiaris이다.

개의 품종에 따라 수명의 차이를 보이나 현대의 수의학과 영양상태 개선으로 장수하는 개가 늘어나는 추세이다.

개의 혈액형은 1번에서 7번까지의 숫자로 분류하며 최소 13개 이상으로 알려져 있다.

개의 피부는 결이 거친 보호모나 부드러운 속털의 두 가지 털에 덮여 있다. 견종에 따라 한 종류 또는 두 종류의 털을 모두 가진다.

체온	약 38~39도
심박	70~120회/분
시각	적록색맹, 근시, 원시
청각	인간의 4~40배
후각수용기	300,000,000 (사람 5,000,000 / 고양이 80,000,000)
촉각	인간과 비슷한 정도
미각(미뢰수)	1700(사람 9,000)
피부와 털	체온유지, 신체보호
발바닥	열, 한기에 강하며 땀샘이 있음
항문낭	신체적 정보, 사회적 활동
임신기간	약 2달, 58~63일 정도
치아	윗니 20개, 아랫니 22개
수명	약 15~20년

구강구조

개는 사람보다 많은 42개의 치아를 가지고 있으며 턱은 아래위로의 이동만이 가능하다. 또한 침을 분비하지만 사람처럼 탄수화물 소화효소인 아밀라아제Amylase가 없어 탄수화물 소화가 입에서는 이루어지지 않는다.

미각은 사람보다 미뢰가 작아 구강에서 맛을 덜 느끼는 반면 후각의 경우 사람보다 훨씬 많아 음식의 냄새가 기호성을 좌우한다는 것을 알 수 있다.

음식의 온도가 따뜻하면 분자활동이 왕성해져 냄새가 확장되므로 식욕증진에 도움이 된다.

개는 맛 중에서 단맛, 짠맛, 지방의 맛, 고기의 맛을 특히 좋아한다.

구분	앞니	송곳니	어금니(소)	어금니(대)
위턱	6	2	8	4
아래턱	6	2	8	6

위(stomach)

개는 품종에 따라 1~9L까지의 용량을 갖는다. 개의 위는 확장력이 커서 한꺼번에 많은 양의 음식섭취가 가능하다. 일반적으로 30~35g/1kg의 음식을 섭취할 수 있다. 음식이 들어오면 물은 1시간, 음식은 3~6시간 정도 분해(소화)와 살균이 이루어진다

사람의 헬리코박터균은 개에게도 감염위험성이 있으므로 사람이 먹던 음식을 먹이는 것은 삼가야 한다.

소장과 대장

초식동물인 토끼나 말, 소 등은 장의 길이가 아주 긴 반면에 육식동물들은 장의 길이가 아주 짧고 개의 장은 몸길이의 6배 정도이며 잡식동물로 본다.

또한 장내 세균의 서식처이며 초식동물에게 발달된 맹장도 개에게 있다.

그러나 입속에 아밀라아제가 없고 췌장에서 소량이 생성되므로 탄수화물을 소화할 능력이 약하고 대장은 상행, 횡행, 하행으로 사람의 대장과 같이 3부분으로 나뉘어 있다. 소장에서는 위에서 보낸 음식물을 더 잘게 분해하고 영양분을 흡수한후 간(영양)과 심장(지방)으로 보내고 찌꺼기는 대장으로 보낸다. 대장에선 찌꺼기 중 수분을 흡수한 후 나머지 찌꺼기는 직장을 통해 대변으로 나간다. 음식물이 통과하는 데 12~30시간이 걸린다.

간(liver)

소화액인 담즙을 생성하고 소장에서 흡수된 영양소를 축적하고 해독하는 작용을 한다.

심장(heart)

지방과 간에서 온 영양과 수분을 펌프를 통해 폐로 보내고 깨끗한 혈액을 전신에 보낸다.

폐

폐에 온 영양과 수분을 효소로 만들어 다시 심장으로 돌려보내 전신에 보내진다.

신장(kidney)

체내의 수분 밸런스, 혈압조절 등의 역할을 하며 심장에서 온 수분, 노폐물 등은 여과되어 방광을 거쳐 소변으로 내보낸다.

기타

- 방광: 소변을 담아두는 기관
- 췌장: 소화액(췌액), 인슐린 분비

개의 성장주기

개의 종류에 따라 성장하는 기간이 조금씩 다를 수 있으나 일반적으로 한 살을 성견으로 본다. 1년 이후 몸의 크기나 체중은 성견에 가깝고 아주 느린 속도로 증가하며 2살 이후 완전히 성장한다.

신생아기	탄생~2주
과도기	2~4주
사회화기	1~3개월
서열형성기	3~6개월
학습기	6~8개월
성숙기	8~13개월
성견	13개월

개의 나이 계산법

개들도 사람처럼 건강한 음식과 적당한 운동, 좋은 생활습관등이 노화를 지연시키고 수명을 연장할 수 있다고 알려져 있다.

대체로 소형견은 대형견에 비해 수명이 길다. 고령견에 대한 정확한 표준은 없으나 보통 소형견은 14세, 중형견은 13세, 대형견은 11세부터 일컫는다. 대형견을 40kg 이상으로 봤을 때10세를 고령견이라 한다.

현대에 와서 질병을 미리 예방하고 수시로 건강관리를 하는 반려인이 늘어남에 따라 개 수명의 20세 시대가 도래했다고 할 수 있다. 반려인들의 개에 대한 올바른 지식과 인식변화가 필요한 때다.

사람 나이로 환산			
개의 크기	소형견 (9kg 이하)	중형견(10~22kg)	대형견 (23kg 이상)
1년	15	15	15
2년	24	24	24
3년	28	28	28
4년	32	32	32
5년	36	36	36
6년	40	42	45
7년	44	47	50
8년	48	51	55
9년	52	56	61
10년	56	60	66
11년	60	65	72
12년	64	69	77
13년	68	74	82
14년	72	78	88
15년	76	83	93
16년	80	87	120

(연수)

개의 예방접종

- DHPPL(종합백신) : 생후 6~8주부터 5차까지 권장
- 켄넬코프 : 생후 6~8주부터 3차까지 권장. 매년 보강 접종
- 광견병 : 생후 4개월 이후 접종. 매년 보강 접종
- 코로나 바이러스 장염 : 생후 6~8주부터 3차까지 권장
- 내·외부 기생충 예방 : 실내에서 주로 생활하는 경우 2개월, 외부에서 생활하는 경우 매월 구충 권장

• 심장사상충 : 주로 여름철에 집중적으로 예방. 예방차원에서 매월 관리 권장

4. 반려견 카밍시그널

카밍시그널이란?

개는 무리를 이루어 사는 사회적 동물이다.

사회적 동물은 구성원들 간 의사표현을 통해 무리를 존속시켜 나가는데 신체를 통한 다양한 동작을 통해 의사전달을 하게된다. 카밍시그널은 유전적으로 물려받으며 세계의 모든 개들이 카밍시그널을 사용하고 있다.

반려견의 카밍시그널을 알면 더 많은 소통과 교감을 나눌 수 있을 것이다.

현재까지 밝혀진 카밍시그널은 약 30가지가 넘는데 풍부한 표현을 구사하는 개들이 있는가 하면 반대로 그렇지 않은 개들도 있다.

긴장

• 코핥기(Licking)

반려견이 자신의 혀로 코를 빨리 또는 천천히 핥는 행위이다.

이 행위는 상대방에게 보이기 위한 행위이기도 하지만 자기 자신을 진정시키는 의미이기도 하다.

• 하품(Yawning)

반려견이 하품을 하는 행위이다.

이 행위는 약간 겁을 먹었거나 스스로 진정을 원할 때 이 행동을 할 수 있다.

반려견의 긴장을 풀어주기 위해서 사람도 곁에서 이와 같은 행동을 할 수 있다.

• 다리 들기(Lifting paw)

반려견이 앞발 중 한쪽 발을 살짝 들어올리는 행위이다.

주인이 큰 소리로 야단칠 때, 낯선 개나 사람이 다가올 때 등 주변 상황이 긴장감을 느끼게 할 때 이러한 행동을 할 수 있다.

반려견이 이런 행동을 하면 주변 상황을 진정시켜 줄 필요가 있다.

• 얼음상태(Freezing)

반려견이 움직이지 않고 갑자기 제자리에 서 있는 행위이다.

다른 개를 발견했을 때, 낯선 개가 다가와서 냄새를 맡을 때, 주인이 큰 소리로 이야기할 때 등에 이러한 행동을 할 수 있다.

어떤 상황에 집중할 때도 이 행동을 보일 수 있다.

진정

• 제자리 앉기(Sitting down)

반려견이 서 있다가 그 자리에 앉는 행위이다.

낯선 개가 다가와서 불편하게 만들었을 때, 주인이 큰 소리로 개를 부를 때 이러한 행동을 할 수 있다.

낯선 사람이 집에 방문하면 조용히 그 자리에 앉게 하는 것이 개의 흥분을 빨리 가라앉히는 데 도움이 된다.

• 엎드리기(Lying down)

반려견이 서 있거나 앉아 있다가 엎드리는 행위이다.

개들끼리의 놀이가 너무 거칠어질 때, 낯선 개가 계속해서 불편하게 할 때 이러한 행동을 할 수 있다.

개가 스트레스를 받았거나 주의를 끌려고 할 때도 엎드리는 동작을 할 수 있다.

• 소변 보기(Marking)

반려견이 갑자기 소변을 보는 행위이다.

낯선 개, 사람 등이 접근했을 때, 주변에 있는 개들이 너무 흥분했을 때 이러한 행동을 할 수 있다. 의도적으로 소변을 보는 행동이기에 실내 공간에서 표현할 때도 있다.

우호

• 기지개(Play bow)

엉덩이를 위로 하고 다리를 앞쪽으로 쭉 뻗는 행위이다.

낯선 개와의 만남에서 경계심이 풀리면 이 동작을 표현하는 경우가 많으며 놀이에 동참을 요구할 때 이러한 행동을 할 수 있다. 상대방과의 충돌을 피하기 위한 의미와 놀고 싶다는 의미로 나누어진다.

- 꼬리 흔들기(Wagging the tail)

꼬리를 흔드는 행위이다.

꼬리를 흔드는 행위가 늘 즐겁다는 신호는 아니므로 정확히 판단하려면 현재 상황의 전후 상황을 파악해야 한다.

흥분했을 때, 긴장했을 때 등에 이러한 행동을 할 수 있다.

충돌회피

- 고개 돌리기(Head turning)

머리를 옆 또는 뒤로 돌리거나 한쪽 방향으로 두는 행위이다.

낯선 개 또는 사람이 자신에게 다가올 때, 사람들이 만지려고 할 때 이러한 행동을 할 수 있다. 개가 낯선 사람에게 경계심을 나타낼 때 상대방은 고개를 돌려주는 행위를 함으로써 개를 진정시킬 수 있다.

- 돌아서기(Turning away)

몸을 약간 옆으로 틀어 서거나 완전히 돌아서는 행위이다.

낯선 개 또는 사람이 너무 빨리 다가올 때, 주인이 강하게 줄을 잡아당길 때, 다른 개가 으르렁거릴 때 이러한 행동을 할 수 있다.

상대를 진정시키는 강한 행위이기 때문에 개가 주인을 보고 흥분했을 때 사람도 이 같은 커밍시그널을 활용할 수 있다.

- 냄새 맡기(Sniffing)

바닥 여기저기의 냄새를 맡거나 코를 대고 한동안 그 자리에 머무르는 행위이다.

낯선 개나 사람이 접근했을 때, 갑작스러운 상황이 주변에 발생했을 때, 주인이 화를 낼 때 이러한 행동을 할 수 있다.

사람이 이 동작을 하기는 어렵기 때문에 바닥에 앉아 무언가를 줍는 행위 등으로 안심시킬 수 있다.

- 곡선 걷기(Curving)

직선으로 걷다가 갑자기 활처럼 곡선형태로 걷는 행위이다.

이동 중 전방에서 낯선 개 또는 사람이 다가올 때 이러한 행동을 할 수 있다.

산책을 할 때, 반려견이 다가오는 개를 보고 긴장했을 때 주인은 커브를 틀며 걸어서 안심시킬 수 있다.

• 끼어들어 분리하기(Split up)

개 또는 사람이 다수일 때, 개가 사이에 끼어드는 행위이다.

두 마리 개의 놀이가 과잉되었을 때, 주인이 다른 개 또는 사람과 가까이 붙어 있을 때 이러한 행동을 할 수 있다.

낯선 개가 나의 반려견에게 다가와 너무 불편하게 하면 주인이 적절하게 이 동작으로 진정시킬 수 있다.

5. 반려견에게 필요한 영양소와 식재료

개의 생리구조와 소화 등을 살펴보면 개는 잡식동물이라고 볼 수 있다.

어떤 동물이든 영양은 반드시 필요하며, 이는 생명유지와 활동할 수 있는 에너지원이 된다.

개에게 필요한 영양소는 탄수화물, 단백질, 지방, 비타민, 미네랄이며 식이섬유를 포함시키기도 한다. 또한 물도 반드시 필요하다.

아무리 좋은 식재료라도 과유불급이다. 비만은 당뇨, 지방간, 피부병, 관절염, 암 등 거의 모든 질병과 관련이 있으므로 계속적인 관심과 관리가 필요하다. 반려견의 몸상태, 질병유무 등을 살피면서 제철 식재료, 신선한 재료, 균형있는 식단을 만든다.

구분	표준
얼굴	뚜렷한 골격, 얇은 지방층
머리, 목	머리, 어깨 구분 명확. 목덜미에 지방 없음
흉골	뚜렷함. 흉부지방층 없음
견갑골	뚜렷함. 촉진이 쉬움
갈비뼈	뚜렷하게 보임. 촉진이 쉬움
복부, 측면	느슨한 복부피부. 복부 들어가는 모습 보임

영양소

건강한 반려동물은 적당한 운동과 좋은 생활 습관, 영양이 균형있게 함유된 음식을 섭취하게 함으로써 이루어진다. 그중 영양(소)은 생명유지에 꼭 필요한 에너지원이다. 또한 신체조직——혈액, 뼈, 근육 등——을 구성하며 호르몬, 면역활성물질, 효소 등 몸의 기능을 조절하는 물질을 만들어 생명을 유지하게 한다. 각 반려견마다 생리적 특성이 다르고 또한 성장기, 임신기, 수유기 등 라이프스타일에 따라서도 칼로리와 필요한 영양이 다르므로 주의깊게 관찰하고 음식을 주는 것이 필요하다.

개에게 필요한 하루 에너지 총량(kcal) 계산방식은 아래와 같다.
- 몸무게 2~45kg 개 : 에너지 총량(kcal)=(30×체중+70)×factor(표 참조)
- 몸무게 2kg 이하, 45kg 이상 개 : 에너지 총량(kcal)=(70×체중의 0.75)×factor

구분	factor
~4개월	3
5~12개월	2
중성화/ 비중성화	1.6/ 1.8

단백질

개는 몸의 20%가 단백질로 이루어져 있다.

단백질은 에너지공급원(3kcal/단백질 1g)으로 뼈, 근육, 피부, 털, 피 등 몸의 대부분을 만들며 건강한 성장, 신경안정, 신체조직 구성, 탄탄한 근육과 면역력 강화, 치유 등에 필요하다.

단백질은 20여 가지의 아미노산으로 형성되어 있고 음식을 통해 섭취가능한 필수 아미노산, 즉 메티오닌methionine, 트레오닌threonine, 발린valine, 라이신lysine, 류신leucine, 트립토판tryptophan, 히스티딘histidine, 아이소류신isoleucine, 페닐알라닌phenylalanine이 있다.

육류, 생선, 달걀, 유제품, 콩류, 어패류, 치즈, 두부 등에 많이 들어 있으며 육류 등은 기름이나 막은 제거하고 익혀서 사용하는 걸 원칙으로 한다.

과다 섭취 시 체중 증가, 신장, 간 등에 무리가 갈 수도 있고 부족 시에는 발육저하, 피로, 면역력 감소, 피부감염, 만성설사, 체중 감소 등을 유발한다.

최소단백질 권장량은 18%이다.

탄수화물

에너지원(3kcal/탄수화물 1g)으로 사용할 수 있는 영양소로 포만감을 주며 뇌, 해독작용 촉진 등 신체기능을 향상시킨다. 곡류, 고구마, 과일류 등의 식재료에 많다. 과다 섭취 시 비만, 당뇨 등이 생길 수 있으며 부족 시 근육감소, 피로감 유발 등이 있다.

지방

중요한 에너지공급원(9kcal/지방 1g)으로 체세포, 신경근육 등 몸을 구성하고 활동하는 성분으로 피부건강과 모발에 좋으며 지용성 비타민의 흡수, 면역기능 등에 관여한다.

오메가3인 알파-리놀렌산alpha linolenic acid과 오메가6인 리놀레산linoleic acid은 음식으로 섭취해야 한다.

생선기름, 식물성 오일류, 호두, 등 푸른 생선 등에 많으며 과다 섭취 시 비만, 심장병, 동맥경화 등을 유발할 수도 있으며 부족 시 면역력 감소, 피부건조, 당뇨, 상처회복이 더딜 수 있다.

비타민

반려견의 생리과정을 조절하는 기능으로 호르몬 합성, 항산화, 면역기능 활성화, 세포보호 등 기능적 요소를 담당한다. 수용성 비타민(B_1, B_2, B_6, B_{12}, C, 엽산, 비오틴, 판토텐산), 지용성 비타민(A, D, E, K)이 있다. 이 중 비타민 C는 개의 몸에서 만들 수 있으므로 특별히 첨가하거나 많이 함유되어 있는 음식은 피한다. 또한 수용성 비타민은 매일 공급하는 것이 좋고 채소, 과일, 해조류, 버섯류에 많이 함유되어 있다.

무기질(미네랄)

뼈의 형성, 감각, 피부건강, 혈액순환기능 등 신체대사를 유지하며 항산화, 호르몬, 효소 등에 다양한 역할을 하여 생명유지에 꼭 필요한 영양소라고 할 수 있다. 칼슘(Ca), 칼륨(K), 나트륨(Na), 인(P), 염소(Cl), 황(S), 마그네슘(Mg)은 다량 미네랄이고, 철(Fe), 불소(F), 아연(Zn), 구리(Cu), 요오드(I), 셀레늄(Se), 망간(Mn), 코발트(Co), 몰리브덴(Mo), 염소(Cl), 크롬(Cr) 등은 미량 미네랄이다.

멸치, 치즈, 요구르트, 달걀, 간, 육류, 녹색채소 등에 들어 있어 음식으로 섭취하기가 쉽다.

물

몸의 70~80%를 차지하고 있으며 신체의 대사를 위해 꼭 필요한 영양소이다.

특히 개의 경우 숨과 발바닥으로 체온조절을 하므로 평소에 적절한 수분조절이 필요하다. 수분섭취 외에도 주거환경의 습도와 기온의 관리를 통해 쾌적한 환경을 조성한다.

하루에 필요한 물의 양은 체중의 5~8% 정도이다.

기타 : 식이섬유

여섯 번째 영양소로도 불린다. 유해물질 체외배출, 동맥경화예방, 변비해소, 포만감에 좋으며 귀리, 바나나, 우엉, 브로콜리, 고구마, 호박, 버섯, 해조류, 팥 등에 함유되어 있다.

식재료

반려견의 몸상태, 질병유무에 따라 잘 살펴서 사용한다.

제철 식재료, 신선한 재료를 사용하며 반려견에게 해로운 식재료를 피하고 소화가 잘 되게 조리하는 것도 중요하다.

육류

- 닭고기 : 반려견 식재료에서 가장 손쉽게 많이 사용되는 재료. 고단백, 저지방으로 닭가슴살, 안심 부위를 많이 사용

  필수 아미노산이 많고 단백질 함량이 높아 두뇌성장, 뼈대 튼튼, 세포조직의 생성, 소화력, 면역력 향상, 피부노화 방지, 스트레스 해소 등에 효과적

- 닭발 : 콜라겐 함량이 아주 높아 피모건강, 노화방지, 뼈, 관절 튼튼, 발육 향상에 도움

- 닭근위 : 저지방식재료, 다이어트가 필요한 반려견에게 좋은 식재료

  단백질, 비타민 E, 철분, 면역력 향상, 다이어트, 피부, 모발건강

- 닭간 : 비타민 A, 점막보호 등

- 돼지고기 : 비타민 B_1, B_2, 무기질이 풍부(소고기의 10배 함유), 체력강화, 혈액순환, 빈혈해소, 피로회복, 피부건강, 빠른 치유력 등

  뒷다리살, 안심부위, 여름철 식재료

- 돼지귀 : 콜라겐, 칼슘 풍부, 미용간식

- 돼지껍데기 : 콜라겐덩어리, 고단백, 저지방

  피부재생, 연골조직재생, 성장발육 등에 효과적

- 메추리 : 단백질, 지방, 칼슘 등

  면역력, 성장, 뼈, 근육 강화, 심혈관 질환 예방

- 소고기 : 필수 아미노산, 단백질, 철분 풍부

  홍두깨살, 사태부위를 주로 사용

  성장, 치아, 상처치유, 빈혈, 체력회복, 피로회복, 눈, 뼈 건강에 도움

- 소간 : 고단백, 저지방 식품, 비타민, 미네랄, 철분 풍부

  빈혈, 안구건강, 눈물자국 개선 효과

- 송아지목뼈 : 고단백, 필수 아미노산, 비타민 함유

뼈와 관절 건강, 스트레스 해소, 소화흡수 등에 효과적

• 오리고기 : 아미노산 풍부, 불포화지방산 함유

　중성지방 제거, 기력강화, 피부, 털, 발톱건강, 혈관질환 도움

• 오리목뼈 : 칼슘, 레시틴 함유

　뼈와 관절 건강, 독소 배출, 스트레스 해소 간식으로 적합

• 양고기 : 철분, 단백질, 비타민 등 영양소 풍부

　스트레스 해소, 피부건강, 위장건강, LDL콜레스테롤 감소

　목살, 갈비새김, 안심, 등심 등 사용

• 간, 내장 : 피부건강, 빈혈개선, 다이어트, 소화기능 향상

어류

• 황태 : 가장 많이 사용되는 재료. 필수 아미노산, 고단백, 저지방

　기력회복, 신진대사 활성화에 효과적

• 연어 : 오메가3, EPA, DHA 함유

　안구건강, 피부, 털건강, 백내장 예방, 동맥경화, 혈전 예방, 두뇌향상, 항산화

작용, 혈액순환 촉진, LDL콜레스테롤 제거에 효과적

• 멸치 : 칼슘, 오메가3 지방산과 타우린, 무기질 풍부

피부, 털개선, 뼈와 관절 튼튼, 성장 발육 촉진기능

• 디포리 : 칼슘과 철분, 불포화지방산 함유

뼈 건강, 소화촉진, 체력증강, 피모 건강 도움

• 대구 : 고단백, 필수 아미노산, 지용성 비타민

혈액순환, 뼈 튼튼, 충치 예방

• 참치 : EPA, DHA 함유

관절, 피부

• 조개류 : 간기능, 동맥경화 예방, 빈혈 해소, 감칠맛 등

• 고등어 : 혈액순환 촉진, 면역력 향상, 불포화지방산 함유

채소

- 고구마 : 식이섬유 풍부, 당질, 비타민 B_6

  다이어트, 천연 단맛, 면역력 향상, 정장효과, 스트레스 해소, 뼈 건강에 효과적

- 감자 : 비타민 B_1, 식이섬유 풍부, 면역력 향상

- 단호박 : 당질, 비타민 A, E, 베타카로틴, 식이섬유

  노화 억제, 항암, 면역력 향상, 다이어트, 눈건강, 감기, 천연단맛 조미료

- 당근 : 베타카로틴 풍부, 비타민 E, 식이섬유 풍부

  면역력, 피부, 눈 건강, 항산화, 모질개선, 저작효과, 위점막강화효과

  - 양배추 : 비타민 A, B, C, 비타민 K, 섬유질 풍부

  피모, 위건강, 항산화작용, 면역력 증진, 노화, 변비예방, 다이어트 효과

  - 브로콜리 : 비타민 C, 설포라판, 항산화제 풍부

  면역력 강화, 간기능 향상, 당뇨, 항암, 피부건강, 치아관리, 우울증 개선효과

- 시금치 : 비타민, 미네랄, 철

  피부, 눈건강, 빈혈, 뼈, 감염증, 암 예방, 활성산소 제거 효능

- 파프리카, 피망 : 베타카로틴, 비타민

  점막 건강, 항산화, 염증케어, 심리적 안정, 피부건강 향상

- 배추, 양배추 : 비타민, 식이섬유

  장에 도움, 체온조절효과, 이뇨작용

- 우엉 : 섬유질 풍부

  변비, 암 예방, 해독, 신장기능 강화, 항염 기능

- 연근 : 식이섬유 풍부, 뮤신 함유, 위점막 보호, 노폐물 배출, 해독작용, 피부건강, 변비예방, 노폐물 배출, 다이어트, 소화불량 개선

- 생강 : 혈액순환 촉진, 진통작용

  감기예방, 면역력·소화력 증진 효과, 위장활동 촉진, 해독작용

- 표고버섯 : 비타민 D, 미네랄, 식이섬유 풍부

  골다공증, 빈혈, 혈액순환 촉진, 염증치료, 항암효과, 다이어트 효과

- 무, 무청 : 단백질, 섬유질, 비타민, 칼륨 등

  소화기능, 암 예방, 신장기능, 해독작용, 치아관리에 효과적

- 가지 : 항산화, 혈관건강, 독소배출효과
- 호박 : 위장건강, 항산화효과, 혈액순환, 항암, 세포재생, 뼈건강
- 아스파라거스 : 베타카로틴, 비타민 U, 엽산 등
  피부염증 억제, 세포생성, 위점막보호, 자양강장 등
- 애호박 : 피부건강, 뼈·근육 강화
- 미역, 톳 : 식이섬유, 미네랄 공급원, 노폐물 배출, 면역력 강화
- 다시마 : 무기질, 식이섬유 풍부, 항암·항균작용
- 토마토 : 베타카로틴, 리코펜 함유
  염증억제, 노화방지, 항산화, 항암, 고혈압 예방 등에 효과적
- 콜리플라워 : 면역력 강화, 면역력, 항스트레스 작용
- 마 : 피로회복, 위벽점막강화, 정장작용
- 오이 : 수분보충, 노폐물 배출효과, 입냄새 제거, 관절염, 비만견에 좋은 식재료
- 청경채 : 베타카로틴, 비타민, 위점막 보호, 수분보충, 면역력 증진
- 셀러리, 파슬리 : 무기질 풍부, 뼈, 신장기능 강화, 치아건강 도움
- 콩나물 : 수분풍부, 노폐물, 배설촉진

과일

- 블루베리 : 안토시아닌, 섬유질, 비타민 풍부

  눈건강, 항산화작용, 암 예방, 노화 예방, 회복력, 뇌신경 보호기능
- 사과 : 비타민 A, 비타민 C, 칼륨 풍부

  관절, 다이어트, 노견, 성장기에 도움
- 딸기 : 비타민 C, 미네랄, 식이섬유 풍부

  면역력, 단맛, 소화작용, 영양소, 피부, 모발, 치아관리 효과적
- 바나나 : 비타민 C, 칼륨, 마그네슘

  뼈 성장, 배변활동에 도움, 저칼로리, 피로회복 등 효능
- 배 : 수분, 섬유질 풍부, 저칼로리

  변비, 소화촉진, 다이어트, 항산화, 피로회복 등
- 복숭아 : 식이섬유, 수분 풍부

  변비, 탈수증상 완화
- 수박 : 92% 수분. 비타민, 칼륨 등 풍부

  항산화, 항염증, 변비해소 탁월
- 멜론 : 당성분이 많으므로 주의
- 오렌지 : 항산화, 관절염에 효과적
- 파인애플 : 단백질 흡수 도움, 여름철 얼려서 간식으로 활용
- 키위 : 감기예방, 변비 개선효과

곡류, 콩류

- 두부 : 비타민 E, 단백질 풍부, 부드러운 식감

  소화용이, 수분풍부, 피로회복, 항암효과, 활성산소 제거, 노령견 식재료
- 검은콩 : 안토시아닌

  시력회복, 항암작용, 노화예방, 혈당조절, 디톡스, 면역체계 강화
- 팥 : 탄수화물, 비타민 B$_1$

  피로회복, 눈건강, 털, 노폐물 배출효과
- 렌틸콩 : 단백질, 식이섬유 풍부, 폴리페놀, 비타민

  혈액순환, 면역력 향상, 다이어트, 저칼로리, 위건강, 피부건강, 노화예방
- 병아리콩 : 단백질, 칼륨, 식이섬유 풍부

  설사, 소화불량 도움, 포만감, 염증성 질환, 통증 완화
- 면류 : 메밀, 파스타 등 이용
- 현미 등 : 비타민 풍부

유지류

- 올리브유 : 암, 당뇨, 변비 예방
- 참기름 : 향, 항산화, 간기능 강화
- 닭껍질기름 : 향, 식욕증진
- 현미유, 참기름, 생선기름

난류, 유제품

- 반려견우유 : 뼈, 치아건강, 노화방지, 간기능 강화
- 코티지치즈 : 신선, 다이어트 효과
- 달걀(메추리알) : 단백질 우수, 위점막 보호, 회복력, 체력강화, 노화방지, 피부, 피모개선, 근육발달, 안구, 두뇌기능 향상, 가열조리 후 공급

기타

유제품, 그릭요구르트, 시나몬, 낫토, 코티지치즈, 한천, 맥주효모, 아마씨, 울금

• 건조 : 과일, 고구마, 두부, 단호박, 누룽지, 포 등

• 기타 : 요구르트, 시나몬, 낫토, 코티지치즈, 한천

먹으면 안 되는 대표적인 재료

• 포도(샤인머스켓, 청포도, 건포도 등) : 구토, 설사, 경련, 혼수상태 등

　포도재료잼, 시리얼, 포도껍질, 건포도샐러드, 포도즙, 와인 등

• 초콜릿 : 대사과정방해, 심장, 근육경련, 구토, 발작, 사망 등

　초콜릿 함유 빵, 쿠키 등도 주의

• 마늘, 파, 양파, 부추 등 파과 채소류 : 적혈구 파괴, 빈혈, 호흡곤란 초래

반려인 짜장면, 볶음밥 등도 주의

• 알코올 : 구토, 방향감각 상실, 혼수상태 유발

• 반려인우유, 유제품 : 유당분해효소 부족, 소화기관 문제 유발

• 견과류, 마카다미아 : 소화불량, 무기력, 근육떨림 등 초래

• 조리된 뼈 : 잘 부서져 질식, 소화기관에 상처

• 카페인: 구토, 설사, 심박이상 현상

커피, 차, 초콜릿, 콜라, 약, 에너지음료 등 주의

• 자일리톨 : 저혈당증, 발작, 신체조절기능 상실, 혈액응고 등

자일리톨 함유 껌, 사탕, 치약 등 주의

• 아보카도(과일, 식물) : 고지방, 호흡곤란, 간, 신장 손상, 폐부종 등의 현상

• 과일씨(자두, 복숭아, 살구, 체리) : 동공확장, 소화불량, 장폐색, 혼수상태 등 초래

• 옥수수, 팝콘 : 위장, 내장 막음

• 조미료(소금, 설탕, 고춧가루 등)

• 기타 : 빵, 과자, 햄, 날생선(회), 갑각류, 날달걀의 흰자, 마른오징어, 당이 많은 과자, 효모, 과량의 소금(나트륨), 상한 음식, 알로에, 튀김음식, 팝콘, 덜 익은 토마토, 감자 파란싹, 사람 우유, 향신료, 탄산음료, 반려인 약, 고양이사료, 짜고 매운 음식, 청·홍고추

6. 간단히 만들어 쓰는 비법양념

단맛

- 홍시 : 겨울에 나오는 홍시를 냉동해서 사용. 자연 그대로의 단맛
- 대추고 : 대추를 돌려깎아 대추씨를 없앤 후 물에서 뭉근히 끓여 조청처럼 조림
- 과일잼 : 반려동물들이 먹을 수 있는 과일로 뭉근히 끓여 갈거나 체에 밭쳐 사용
- 채소잼 : 당근, 파프리카 등도 끓이면 단맛이 나는 채소임. 과일과 섞거나 단독으로 오래 끓여 사용
- 조청 : 밥에 엿기름을 넣어 삭힌 후 걸러서 졸이면 조청이 됨. 가끔 식욕이 떨어졌을 때 사용
- 꿀 : 칼로리가 높으니 주의해서 특별하게 사용

새콤, 입맛 돋우는 신맛

식초와 레몬즙을 사용. 재료를 소독하거나 가끔 신맛이 필요할 때 사용한다

짠맛

해조류에 들어 있는 짠맛, 된장

맛물

고기, 황태, 채수, 조개, 멸치, 다시마, 표고버섯

- 맛물 만드는 법

육수(소고기, 닭, 황태), 멸치육수, 다시마육수 등

- 소고기육수

재료 : 소고기(사태 등) 100g, 물 3컵(당근, 무, 표고버섯 등)

- 물에 소고기와 준비한 채소를 넣고 뚜껑을 열고 팔팔 끓인다.
- 불순물이 있으면 숟가락 등으로 걷어낸 후 20분쯤 더 끓인다.
- 체에 밭쳐 깔끔한 육수를 만든다.

🐾 삶은 고기는 다지거나 깍둑썰어 큐브틀에 넣어 냉동보관해서 필요할 때 꺼내 쓴다.

- 다시마채수

  재료 : 다시마 1장, 마른 표고버섯 1장, 물 3컵

  - 다시마와 표고는 흐르는 물에 재빨리 씻는다.
  - 생수에 다시마와 표고버섯을 넣고 하루 동안 냉장보관한다.
  - 재료를 체에 밭쳐 맑은 채수를 준비한다.

  🐾 다시마와 표고버섯은 반려인, 반려견 자연식에 사용한다.

  🐾 다시마, 표고버섯, 무, 연근, 당근 등을 넣어 한소끔 끓여내도 된다.

- 멸치육수

  재료 : 멸치 20g, 무 조금, 물 3컵

  - 멸치는 마른 팬에 살짝 볶고 무는 넓적하게 썬다.
  - 생수에 멸치와 채소를 넣고 팔팔 끓인다.
  - 불순물이 있으면 걷어내고 한소끔 더 끓인다.
  - 체에 밭쳐서 맑은 멸치육수를 만든다.

  🐾 사용한 멸치는 바싹 말려서 가루내어 사용한다.

맛가루

황태, 다시마, 표고, 멸치, 육포가루, 생강, 파래, 타임, 바질, 버섯, 깨, 들깨, 파슬리가루, 가쓰오부시, 콩가루를 사용한다.

토핑용으로 사용하면 좋다.

오일

현미유, 올리브유, 아마인유, 참기름 등

천연색소 만들기

입맛도 돋우고 예쁜 색깔로 반려인이 더 즐거운 천연색소

비트, 단호박, 시금치(보리순 등), 딸기가루, 캐럿분말, 울금, 흑임자, 들깻가루 등을 사용한다.

7. 음식공급(급여)

반려견에게 필요한 영양균형이 맞는 음식을 공급하는 것이 중요하다.

간혹 반려견의 크기를 작게 하기 위해 식이를 제한하는 경우가 있는데 이럴 땐 신체결핍과 건강을 해칠 수 있다. 반대로 어릴 때 비만으로 키우면 성견이 되었을 때도 비만견이 될 확률이 높다.

또한 음식공급시간과 양을 정해서 주는 것이 건강에 좋다. 4개월 이하인 경우 하루 4끼, 5~8개월 땐 하루 3끼, 그 이후에는 하루에 2끼를 주는 습관을 들인다. 먹지 않을 땐 음식을 치우고 다른 음식이나 간식을 주지 않고 제시간에 먹는 좋은 습관을 들인다.

자연식의 공급은 서두르지 않는다. 특히 장이 예민할 경우나 어릴 적부터 다양한 식재료를 먹는 습관을 들이지 않았을 경우 새로운 음식이나 형태를 싫어할 가능성이 많다. 그럴 땐 적은 양으로 천천히 습관을 들인다. 기존의 식사(사료)에 자연식은 1/10비율부터 시작하여 15~20일간 꾸준히 늘려간다.

8. 펫푸드에 자주 사용되는 도구

1. 식품건조기
2. 가위, 칼
3. 찜기
4. 오븐기
5. 에어프라이어
6. 식품진공기
7. 전자레인지
8. 저울

02

반려견과 함께
간식 / 베이커리

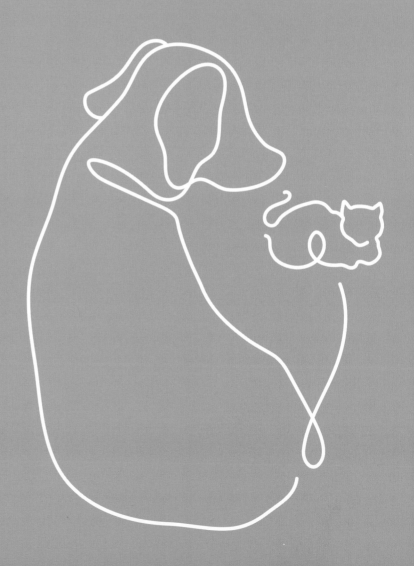

반려견MSG파우더 - 황태 파우더

난이도
★

소요시간
1차 : 1시간
2차 : 9시간

재료

황태채

만들기

1 황태를 차가운 물에 1시간 이상 담근 후 물기를 짜고 염분을 제거한다.

2 끓는 물에 황태를 넣고 거품을 걷어가면서 한번 더 염분을 제거한다.

3 차가운 물에 담가 식힌 후 물기를 꼭 짜고 키친타월로 물기를 마저 닦아낸다.

4 식품건조기에 황태를 올린 후 70℃에서 9시간 건조한다.

5 완전히 건조된 황태를 믹서에 넣고 곱게 갈아 파우더로 만들어준다.

Check Point

● 통째로 말린 황태포로 만들어도 된다.

● 반려견의 하루 나트륨 섭취량은 1kg당 50~80mg이다. 황태의 염분을 어느 정도 제거하고 공급해야 건강에 해롭지 않다.

반려견MSG파우더 - 연어 파우더

난이도	소요시간
★	1차 : 1시간 2차 : 11시간 이상

재료

생연어

만들기

1 생연어는 껍질을 제거하고 차가운 물에 30분간 담가둔다.

2 깨끗한 물로 바꾼 후 식초를 한 스푼 넣어 생연어를 소독한다.

3 물에서 꺼낸 후 키친타월로 물기를 꼼꼼하게 닦아낸다.

4 염분이 제거되고 소독한 연어는 스틱형태로 길고 얇게 자른다.

5 식품건조기에 올린 후 70℃에서 11시간 건조한다.

6 연어 표면에 올라온 기름을 키친타월로 닦아낸다.

7 건조된 연어를 믹서기에 넣은 후 곱게 갈아준다.

8 갈아놓은 연어는 키친타월에 올려 상온에서 30분 이상 건조시킨다.

Check Point

- 연어는 훈제된 연어말고 생연어를 사용해야 한다.
- 기름이 많이 함유된 연어는 건조 후, 믹서기에 간 후 꼭 기름을 제거해 주세요.

반려견MSG파우더 - 멸치 파우더

난이도
★

소요시간
1차 : 1시간
2차 : 9시간

재료

말린 멸치

만들기

1 멸치의 내장을 제거한다.

2 차가운 물에 1시간 이상 담가 불순물과 염분을 제거한다.

3 끓는 물에 거품을 걷어내며 2차로 염분을 제거해 준다.

4 차가운 물에 담가 식힌 뒤 물기를 짠다.

5 식품건조기에 올린 후 70℃에서 9시간 건조한다.

6 완전히 건조된 멸치를 믹서기에 넣고 곱게 갈아준다.

Check Point

• 작은 멸치의 내장은 제거하지 않아도 되지만 큰 멸치의 내장은 쓴맛이 나고 기생충이 있을 수 있으니 꼭 제거해 주세요.

반려견MSG파우더 - 소간 파우더

난이도
★★

소요시간
1차 : 3시간 이상
2차 : 10시간 이상

재료

신선한 소간
락토프리우유

만들기

1 소간의 껍질을 제거하고 지방부위를 잘라낸다.

2 우유에 1시간 담가 1차로 핏물을 빼준다.

3 흐르는 물에 씻어내고 차가운 물에 식초를 넣고 2시간 담가 소독한다.

4 적당한 크기로 자른 후 키친타월로 물기를 제거한다.

5 식품건조기에 올린 후 70℃에서 10시간 건조한다.

6 완전히 건조된 소간을 믹서기에 넣어 곱게 갈아준다.

 Check Point

• 꼭 신선한 소간을 사용하고 핏물을 제거할 때는 물을 여러 번 갈아주세요.

반려견MSG파우더 - 오리안심 파우더

난이도
★

소요시간
1차 : 1시간 이상
2차 : 9시간

재료

신선한 오리안심

만들기

1 오리안심의 지방을 가위로 제거한다.

2 적당한 크기로 잘라 차가운 물에 식초를 넣고 1시간 담가둔다.

3 식초물에 소독한 오리안심을 물에 씻어 키친타월로 닦아준다.

4 식품건조기에 올린 후 70℃에서 9시간 건조한다.

5 완전히 건조된 오리안심을 믹서기에 넣어 곱게 갈아준다.

반려견MSG파우더 - 치킨 파우더

난이도
★

소요시간
1차 : 3시간 이상
2차 : 10시간 이상

재료

닭가슴살

만들기

1 닭가슴살은 식초물에 담가 1시간 이상 소독해 준다.

2 흐르는 물에 깨끗하게 세척한 후 적당한 크기로 자르고 물기를 닦아낸다.

3 식품건조기에 올린 후 70℃에서 9시간 건조한다.

4 완전히 건조된 닭가슴살을 믹서기에 넣어 갈아준다.

Check Point

- 닭가슴살은 냉동이 아닌 신선한 생닭가슴살을 사용해야 좋다.
- 우유에 한번 더 담그면 부드럽고 단백한 맛이 난다.

반려견MSG - 비타민 시리얼

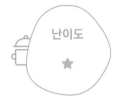

난이도

★

소요시간

8시간

재료

파프리카
연근
양배추, 브로콜리

만들기

1 모든 재료는 깨끗하게 세척한 후 물기를 닦아낸다.

2 파프리카는 꼭지와 씨를 제거하고 4등분한다.

3 연근은 얇게 썰어주고 브로콜리는 적당한 크기로 잘라준다.

4 끓는 물에 모두 넣어 살짝 데친 후 차가운 물에 씻어 식혀준다.

5 물기를 제거하고 모두 채썰어 준비한다.

6 식품건조기에 종이호일을 깔고 듬성듬성 올린 후 70℃에서 8시간 건조한다.

Check Point

- 재료는 모두 1:1 비율로 만들면 된다.
- 시리얼을 잘 안 먹는다면 믹서기에 갈아 파우더로 사용해도 좋다.

반려견MSG – 면역력 시리얼

난이도

★

소요시간

8시간

재료

표고버섯
생강
브로콜리
단호박
당근

만들기

1 모든 재료는 깨끗하게 씻어 물기를 제거한다.

2 단호박은 껍질과 씨를 제거하고 찜기에 찐다.

3 표고버섯, 생강, 당근은 적당한 크기로 자른 후 끓는 물에 익힌다.

4 모든 재료를 차가운 물에 담가 식힌 후 물기를 제거한다.

5 모두 채썰어 준다.

6 식품건조기에 종이호일을 깔고 듬성듬성 올린 후 70℃에서 8시간 건조한다.

Check Point

- 재료는 모두 1:1 비율로 만들면 된다.
- 시리얼을 잘 안 먹는다면 믹서기에 갈아 파우더로 사용해도 좋다.

무염 황태스틱

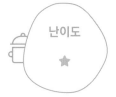

난이도
★

소요시간
1차 : 1시간
2차 : 9시간

재료

황태

만들기

1 시중에 판매되는 황태채를 차가운 물에 1시간 이상 담가 염분을 제거한다.

2 큰 가시를 제거하고 끓는 물에 넣어 거품을 걷어내며 2차 염분을 제거한다.

3 차가운 물에 씻은 후 키친타월로 물기를 제거한다.

4 식품건조기에 올린 후 70℃에서 9시간 건조한다.

Check Point

• 통째로 말린 황태포로 만들어도 된다.

닭가슴살 & 고구마 스틱

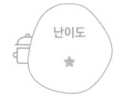

난이도
★

소요시간
1차 : 1시간
2차 : 9시간

재료

닭가슴살
고구마

만들기

1 닭가슴살을 차가운 식초물에 30분간 담가 소독한다.

2 흐르는 물에 깨끗하게 세척 후 결대로 길게, 두께는 1cm 정도로 썰어준다.

3 키친타월에 올려 물기를 닦아낸다.

4 고구마는 깨끗하게 씻은 후 껍질을 제거하고 찜기에 찐다.

5 잘 쪄진 고구마도 닭가슴살과 비슷한 크기로 잘라준다.

6 식품건조기에 올린 후 70℃에서 9시간 건조시킨다.

Check Point

- 고구마는 이미 익힌 상태기 때문에 건조시간은 반려견이 좋아하는 정도로 건조시켜도 좋다. 5시간 정도 건조시키면 말랑한 고구마스틱이 완성된다.

단호박 말랭이

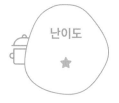
난이도
★

소요시간
7시간

재료

단호박

만들기

1 단호박은 깨끗하게 씻은 후 씨를 제거하고 속을 파내어 정리한다.

2 찜기에 넣어 호박을 쪄준다.

3 잘 식힌 후 1.5cm 두께로 일정하게 잘라준다.

4 식품건조기에 올린 후 70℃에서 5~7시간 건조한다.

Check Point

- 단호박은 찐 후에 건조시키므로 말랑한 정도는 시간으로 조절하면 된다.
- 1cm 이하의 두께로 자르면 건조 후 너무 얇아지므로 두껍게 자르는 걸 추천한다.

바나나 말랭이

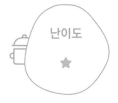

난이도

★

소요시간

9시간

재료

바나나

만들기

1 바나나는 껍질에 점이 많은 잘 익은 바나나를 고른다.

2 껍질을 제거하고 1.5cm 두께로 어슷썬다.

3 식품건조기에 올린 후 70℃에서 9시간 건조시킨다.

Check Point

• 덜 익힌 바나나는 변비를 유발할 수 있으니 주의한다.

사과칩

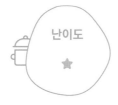

난이도

★

소요시간

9시간

재료

유기농 사과

만들기

1 사과는 껍질째 사용하므로 유기농사과로 준비한다.

2 잘 세척한 후 꼭지와 씨를 제거하고 적당한 두께로 썰어준다.

3 식품건조기에 올린 후 70℃에서 9시간 건조한다.

Check Point

● 유기농이 아닌 일반 사과를 사용한다면 꼭 껍질을 제거한다.

자색고구마칩

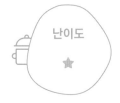

난이도
★

소요시간
9시간

재료

자색고구마
꿀 소량

만들기

1 자색고구마의 껍질을 제거하고 깨끗하게 세척한다.

2 찜기에 넣어 완전히 익힌다.

3 식힌 후 적당한 두께로 썰어준다.

4 식품건조기에 올린 후 70℃에서 5시간 건조한다.

5 표면에 꿀을 얇게 펼쳐 바른 후 4시간 더 건조한다.

블루베리 우유껌

난이도
★★

소요시간
10시간

재료

블루베리 100g
락토프리우유 1000ml
한천 20g

만들기

1 블루베리는 깨끗하게 씻은 후 잘게 다져준다.

2 냄비에 우유를 넣고 끓이다 가장자리가 보글보글 올라오면 한천을 넣어 거품기로 풀어주고 불을 끈다.

3 다져놓은 블루베리를 모두 넣은 후 잘 섞어준다.

4 트레이 또는 사각모양의 틀에 부은 후 냉장고에서 1시간 굳혀준다.

5 틀에서 꺼낸 후 2cm 두께로 길게 잘라준다.

6 식품건조기에 올린 후 70℃에서 10시간 건조한다.

Check Point

• 블루베리는 씹히는 식감이 좋으므로 적당하게 다지는 것을 추천한다.

• 락토프리우유 대신 산양유를 사용해도 좋다.

딸기 우유껌

난이도
★★

소요시간
10시간

재료

딸기 100g
락토프리우유 1000ml
한천 20g

만들기

1 딸기는 꼭지를 제거하고 깨끗하게 씻어 잘게 썰어준다.

2 냄비에 우유를 넣고 끓이다 가장자리가 보글보글 올라오면 한천을 넣어 거품기로 풀어주고 불을 끈다.

3 잘게 썰어놓은 딸기를 모두 넣은 후 잘 섞어준다.

4 트레이 또는 사각모양의 틀에 부은 후 냉장고에서 1시간 굳혀준다.

5 틀에서 꺼낸 후 2cm 두께로 길게 잘라준다.

6 식품건조기에 올린 후 70℃에서 10시간 건조한다.

코티지치즈

난이도
★

소요시간
10분

재료

락토프리우유 1000ml
식초 1스푼

만들기

1 냄비에 우유를 넣고 보글보글 끓어오를 때까지 끓인다.

2 거품이 나기 시작하면 식초를 한 스푼 넣고 저어준다.

3 우유가 몽글몽글하게 뭉쳐지기 시작하면 불을 끈다.

4 면포에 부어 분리된 유청을 제거하고 치즈만 걸러준다.

5 면포에 감싸 유청을 꽉 짜고 그대로 굳힌다.

6 냉장보관 후 사용한다.

Check
Point

- 락토프리우유 대신 산양유를 사용해도 좋다.
- 우유를 끓이는 동안 바닥에 눌어붙지 않도록 저어준다.

두부크림

난이도
⭐

소요시간
10분

재료

코티지치즈 100g
두부 100g

만들기

1 두부는 끓는 물에 살짝 데친 후 면포에 물기를 짜준다.
2 코치지치즈와 두부를 믹서기 넣고 크림제형이 될 때까지 갈아준다.

블루베리 요구르트 아이스크림

난이도
★★

소요시간
1시간 이상

재료

블루베리 80g
무가당요구르트 200g

만들기

1 블루베리는 깨끗하게 씻어서 준비한다.

2 블루베리의 1/2은 칼로 잘게 썰어 준비한다.

3 나머지 블루베리와 요구르트는 믹서기에 넣어 곱게 갈아준다.

4 2번의 블루베리를 넣어 주걱으로 섞어준다.

5 틀에 채운 후 냉동실에 1시간 이상 얼린다.

Check Point

• 블루베리알을 틀에 하나씩 넣어도 좋다.
• 요구르트는 반드시 당이 첨가되지 않은 플레인을 사용해야 한다.

단호박 코코넛 아이스크림

난이도
★★

소요시간
1시간 이상

재료

단호박 100g
무가당요구르트 200g
코코넛 파우더 20g
꿀 소량

만들기

1 단호박은 깨끗하게 세척하고 꼭지와 씨를 제거한 후 찜기에 찐다.

2 단호박의 절반은 칼로 다지고 절반은 요구르트와 함께 믹서기에 갈아준다.

3 믹서기에 간 단호박과 요구르트에 다진 단호박, 코코넛 파우더, 꿀 한 스푼을 넣은 후 주걱으로 잘 섞어준다.

4 준비한 틀에 채워 넣어 냉동실에서 1시간 이상 얼린다.

Check
Point

• 틀에 넣지 않고 통째로 얼린 후 아이스크림 스쿱으로 퍼도 된다.

혈액순환 주스

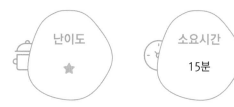

난이도
★

소요시간
15분

재료

비트
당근
사과
바나나
코코넛워터

만들기

1 비트와 당근은 끓는 물에 익힌다.

2 모든 재료와 코코넛워터를 넣고 믹서기로 갈아준다.

● 과일은 1：1 비율로 준비하고 코코넛워터로 농도를 조절한다.

타르트지

난이도
★★★

소요시간
20분

재료

쌀가루 100g
락토프리우유 50g
달걀 1개
올리브오일 2ts

만들기

1 큰 볼에 달걀을 넣고 거품기로 잘 풀어준다.
2 우유와 올리브유를 넣고 마저 섞어준다.
3 쌀가루를 체로 쳐서 넣은 후 주걱으로 자르듯이 섞는다.
4 어느 정도 뭉쳐지면 손으로 반죽해 한 덩어리로 만들어준다.
5 반죽을 밀대로 밀어 0.7cm 두께로 만들어준다.
6 타르트틀에 반죽을 넣은 후 바닥에 포크로 구멍을 낸다.
7 160℃로 예열된 오븐에 10분간 구워낸다.

Check Point

● 반죽이 너무 묽거나 되직하면 쌀가루와 우유로 농도를 조절한다.

닭채소 연어파이

난이도
★★★

소요시간
30분

재료

닭가슴살 50g
연어 20g
당근 10g
브로콜리 10g
파프리카 10g
달걀 1개
타르트지

만들기

1 닭가슴살과 연어는 깨끗하게 손질한 후 물기를 제거한다.

2 당근, 브로콜리, 파프리카는 깨끗하게 세척한 후 끓는 물에 익힌다.

3 모든 재료를 믹서에 넣고 갈아준다.

4 큰 볼에 넣은 후 치대듯 한 덩어리로 반죽한다.

5 타르트지에 적당히 담은 후 큐브형태의 토핑을 취향껏 올린다.

6 170℃의 예열된 오븐에 15분간 구워낸다.

캐롭 빼빼로

난이도
★★★

소요시간
30분

재료

단호박 80g
닭가슴살 80g
황태 파우더 20g
쌀가루 80g
달걀 1개
캐롭 파우더 20g

만들기

1 닭가슴살은 식초물에 소독 후 세척해서 물기를 제거한 뒤 다져준다.

2 단호박은 찜기에 찐 후 껍질과 씨를 제거하고 으깨준다.

3 큰 볼에 닭가슴살과 단호박, 황태 파우더, 쌀가루를 넣고 반죽한다.

4 짤주머니에 담은 후 유산지에 긴 스틱형태로 짠다.

5 165℃로 예열된 오븐에 10분간 구워 완전히 식힌다.

6 작은 볼에 달걀을 풀고 캐롭 파우더를 섞어준다.

7 구워진 빼빼로에 6번을 끝부분만 남기고 담가 빼빼로처럼 표면에 색을 내준다.

8 160℃로 예열된 오븐에 5분간 더 구워낸다.

Check Point

- 닭가슴살 대신 오리안심을 사용해도 좋다.

코티지치즈 마카롱

난이도
★★★

소요시간
30분

재료

코크(Cogue)
쌀가루 100g
캐롭 파우더 30g
단호박 파우더 30g
락토프리우유 30g
달걀 1개

크림
두부 30g
코티지치즈 30g

만들기

1 큰 볼에 달걀을 거품기로 잘 풀어준다.

2 락토프리우유를 넣어 섞은 후 쌀가루를 체 쳐서 주걱으로 자르듯 섞어준다.

3 반죽을 1/2로 나누어 각각 단호박 파우더, 캐롭 파우더를 넣어 색을 내준다.

4 반죽이 한 덩어리로 뭉쳐지면 밀대로 밀어 원형쿠키로 찍어낸다.

5 165℃로 예열된 오븐에 8분간 구워낸 후 열기를 식힌다.

6 두부는 면포에 넣어 물기를 짜고 코티지치즈와 함께 믹서기에 갈아 크림을 만든다.

7 코크에 크림을 샌딩해 마카롱 모양으로 만든다.

Check Point

• 반죽이 너무 묽거나 되직하면 쌀가루와 우유로 농도를 조절한다.

밤고구마빵

난이도
★★★

소요시간
35분

재료

빵반죽
쌀가루 50g
자색고구마 파우더 20g
락토프리우유 10g
달걀 1개

필링
고구마 80g
밤 40g

만들기

1 큰 볼에 달걀을 거품기로 풀고 우유를 넣어 섞어준다.

2 쌀가루와 자색고구마 파우더를 체 쳐서 넣은 후 주걱으로 섞듯이 반죽한다.

3 반죽이 한 덩어리가 되었으면 랩에 싸서 잠시 실온 보관한다.

4 고구마와 밤은 깨끗하게 세척하고 찜기에 넣어 완전히 익힌 뒤 으깨서 필링을 준비한다.

5 4번을 적당한 크기로 뭉쳐 준비한다.

6 3번을 밀대로 밀어 얇게 편 후 필링을 올리고 감싸준다.

7 고구마 모양으로 성형 후 표면에 자색고구마 파우더를 묻혀 마무리한다.

Check Point

• 밤, 고구마 필링에 꿀을 소량 넣어 으깨도 좋다.

사과잼

난이도
★★

소요시간
20분

재료

사과
찹쌀가루

만들기

1 사과는 깨끗하게 세척한 후 껍질, 꼭지, 씨를 제거해 준다.

2 반은 칼로 잘게 다지고 반은 믹서기에 갈아준다.

3 다진 사과와 간 사과를 냄비에 넣고 약한 불로 가열한다.

4 거품이 올라오면 찹쌀가루를 소량 넣어 걸쭉하게 만들어준다.

 Check Point

- 사과는 당이 함유되어 있어서 꿀이나 올리고당의 당을 첨가하지 않고 사과 그대로의 잼을 만들면 된다.
- 사과는 정해진 용량은 없으니 원하는 대로 만들면 된다.

땅콩버터

난이도

★

소요시간

10분

재료

땅콩 500g
꿀 소량

만들기

1 땅콩은 165℃의 예열된 오븐에 7분간 구운 후 껍질을 벗겨낸다.

2 구운 땅콩을 믹서기에 넣고 완전히 갈아준다.

3 땅콩이 걸쭉하게 갈렸다면 꿀을 한 스푼 넣고 한번 더 갈아준다.

Check Point

- 믹서기에 갈다 보면 땅콩에서 기름이 나와 저절로 걸쭉해지니 멈추지 말고 계속 갈아주자.

사과파이

난이도 ★★★

소요시간 30분

재료

반죽
사과 50g
달걀 1/2개
코코넛오일 10g
쌀가루 100g

필링
사과잼

만들기

1 사과는 깨끗하게 세척 후 껍질, 꼭지, 씨를 제거한다.

2 사과를 잘게 썬 후 으깨준다.

3 달걀과 코코넛오일을 넣고 섞어준다.

4 쌀가루를 체 쳐서 넣은 후 주걱으로 자르듯이 반죽한다.

5 어느 정도 뭉쳐지면 손으로 반죽해서 한 덩어리로 만든다.

6 밀대로 얇게 밀어 편 후 원형쿠키틀로 찍어낸다.

7 가장자리를 밀대로 한번 더 밀어 얇게 만든 후 가운데 사과잼을 올린다.

8 반죽을 덮어 가장자리를 포크로 눌러 붙여준다.

9 표면에 달걀물을 살짝 발라준다.

10 170℃의 예열된 오븐에 10분간 구워낸다.

Check Point

• 코코넛오일이 없으면 올리브오일을 사용해도 좋다.

땅콩쿠키

난이도
★★

소요시간
20분

재료

쌀가루 100g
땅콩버터 30g
달걀 1개
락토프리우유 15g
코코넛오일 2ts

만들기

1 큰 볼에 달걀을 풀고 우유를 넣어 섞어준다.

2 땅콩버터와 코코넛오일을 넣고 핸드믹서로 갈아준다.

3 쌀가루를 체 쳐서 넣은 후 주걱으로 자르듯 섞어준다.

4 반죽이 어느 정도 뭉쳐졌다면 손으로 마저 반죽해 한 덩어리로 만들어준다.

5 반죽을 랩으로 싼 후 냉장고에 10분간 휴지시킨다.

6 반죽을 밀대로 0.7cm 두께로 밀어 펴 쿠키커터로 찍어낸다.

7 170℃의 예열된 오븐에 15분간 구워낸다.

 Check Point

- 코코넛오일 대신 올리브오일을 사용해도 되고 생략 가능하다.

닭가슴살 스쿱쿠키

난이도
★★★

소요시간
30분

재료

닭가슴살 250g
쌀가루 150g
달걀 2개
비트 파우더
캐롭 파우더

만들기

1　닭가슴살을 깨끗하게 씻은 후 끓는 물에 삶아준다.

2　식힌 후 믹서기에 넣어 갈아준다.

3　큰 볼에 달걀을 거품기로 잘 풀어주고 쌀가루를 체 쳐서 넣고 섞어준다.

4　어느 정도 뭉쳐졌다면 반으로 나눠 각각 비트와 캐롭 파우더로 색을 내준다.

5　손으로 반죽한 후 한 덩어리로 뭉쳐준다.

6　작은 아이스크림 스쿱에 반죽을 반반 퍼 담은 후 스쿱에서 빼내어준다.

7　155℃의 예열된 오븐에서 20분간 구워낸다.

Check Point

• 색을 내는 천연파우더는 비트(붉은색), 캐롭(갈색), 단호박(노란색), 케일(녹색) 등을 이용해 다양한 색감의 스쿱쿠키를 만들 수 있다.

단호박쿠키

난이도
★★★★

소요시간
35분

재료

단호박 40g
달걀 1개
쌀가루 80g
호밀가루 20g
우유 10g

만들기

1 단호박은 깨끗하게 세척 후 찜기에 완전히 익힌다.

2 껍질과 꼭지, 씨를 제거하고 으깨준다.

3 으깬 단호박에 우유를 넣고 주걱으로 섞어준다.

4 쌀가루와 호밀가루를 체 쳐서 넣은 후 주걱으로 섞어준다.

5 어느 정도 반죽이 뭉쳐지면 손으로 반죽해 한 덩어리로 만든다.

6 반죽을 20~30g으로 소분한 후 둥글려준다.

7 옆면이 날카로운 스패츌러를 이용해 호박 모양으로 성형한다.

8 160℃의 예열된 오븐에서 20분 구워낸다.

Check Point

• 호밀가루는 생략 가능하며 쌀가루 양을 늘려주면 된다.
• 스틱으로 만들어도 잘 먹는다.

당근머핀

난이도
★★★

소요시간
30분

재료

당근 40g
통밀가루 100g
달걀 1개
꿀 2스푼
땅콩버터 20g

만들기

1 당근을 깨끗하게 세척하여 끓는 물에 잘 익힌다.

2 식힌 후 잘게 채썰어 준비해 둔다.

3 큰 볼에 달걀을 거품기로 풀고 꿀과 땅콩버터를 넣어 거품기로 섞어준다.

4 통밀가루를 체 쳐서 넣은 후 주걱으로 섞어준다.

5 반죽이 다 섞이면 머핀틀에 2/3 정도 채워넣는다.

6 170℃의 예열된 오븐에 20분간 구워낸다.

Check Point

• 통밀가루가 없다면 쌀가루로 대체 가능하다.

닭가슴살 머핀

난이도
★★★★

소요시간
1시간

재료

닭가슴살 100g
당근 20g
브로콜리 20g
쌀가루 100g
달걀 2개
꿀 2스푼
코코넛오일 10g
두부크림 100g

만들기

1. 닭가슴살을 식초물에 담가 소독한 뒤 깨끗하게 씻어 물기를 제거한다.
2. 당근과 브로콜리는 씻은 후 끓는 물에 넣어 익힌다.
3. 믹서에 닭가슴살과 채소를 넣고 어느 정도 갈아준다.
4. 나머지 모든 재료를 넣고 주걱으로 잘 섞어준다.
5. 머핀틀에 2/3 부은 후 170℃의 예열된 오븐에서 10분간 익힌다.
6. 완전히 식힌 후 짤주머니에 두부크림을 넣어 원하는 모양으로 데코한다.

바나나 오트밀쿠키

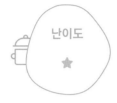

난이도

★

소요시간

15분

| 재료 | 만들기 |

바나나 100g
오트밀 50g

1 바나나는 잘 익은 것으로 준비한다.

2 껍질을 제거하고 으깨준다.

3 오트밀을 넣어 주걱으로 섞어준다.

4 준비된 몰드에 넣은 후 170℃의 예열된 오븐에서 10분간 구워
낸다.

Check Point

• 몰드가 없으면 유산지를 깔고 숟가락으로 떠 올려도 된다.

바나나 젤리

난이도

★★

소요시간

25분

재료

바나나 50g
노른자 1개
락토프리우유 50g

만들기

1 잘 익은 바나나의 껍질을 제거하고 준비한다.

2 바나나에 노른자와 우유를 넣은 후 믹서기로 갈아준다.

3 체에 주걱으로 걸러준다.

4 한번 더 섞은 후 몰드에 채워넣는다.

5 찜기로 20분간 쪄준다.

Check Point

• 몰드가 없다면 그릇에 담아 쪄도 된다.

• 전자레인지에 1분간 반복해 돌리며 익혀도 된다.

코티지치즈 롤케이크

난이도
★★★★

소요시간
1시간 이상

재료

반죽
쌀가루 100g
락토프리우유 20g
코코넛오일 10g
캐롭 파우더 소량

크림
코티지치즈 50g
두부 20g
자색고구마 파우더 소량

만들기

1 쌀가루와 캐롭 파우더를 체 친 후 우유와 코코넛오일을 넣고 반죽한다.

2 한 덩어리로 뭉쳐지면 밀대로 밀어 펼친다.

3 랩으로 감싼 후 냉장고에 30분간 휴지시킨다.

4 코티지치즈와 물기를 제거한 두부를 믹서기에 넣고 곱게 갈아 크림제형으로 만든다.

5 자색파우더를 크림에 넣어 색을 만들어준다.

6 30분 휴지한 반죽을 꺼내 크림을 올리고 김밥 말듯 돌돌 말아준다.

7 종이유산지로 겉면을 감싸고 전자레인지에 1분간 2~3번 돌려 반죽을 익혀준다.

8 그대로 냉장고에 넣어 살짝 굳힌 후 칼로 잘라준다.

과일푸딩

난이도
★★

소요시간
1시간 이상

재료

과일(배, 딸기, 사과,
  키위 등) 1개
판젤라틴 2장
두유 1컵

만들기

1 젤라틴은 찬물에 30분 정도 불린 후 중탕이나 전자레인지로 2초
   정도 돌려 녹인다.

2 과일은 믹서에 갈고 두유, 녹인 젤라틴을 넣어 섞는다.

3 양갱틀에 물을 뿌리고 2를 부어 굳힌다.

Check Point

- 두유, 우유, 육수 등에 불린 젤라틴을 넣어도 된다.
- 젤라틴 대신 한천을 사용해도 좋다.

티라미수

난이도
★★

소요시간
15분

재료

두부크림 1컵
딸기 3알
키위 1/2개
흑임자가루 1TS
보리순가루 1TS

만들기

1 두부크림을 1/2로 나눠 흑임자, 보리순가루를 넣어 잘 섞는다.

2 과일을 넣고 두부크림을 얹는다.

3 가루를 남겨서 위에 뿌린다.

Check Point

• 반려견 과자가 있으면 컵 아래 깔고 크림을 넣는다.

두부와플

난이도
★★

소요시간
20분

재료

두부 1/2모
달걀 1개
쌀가루(오트밀)
두유

만들기

1 두부는 데쳐서 물기를 뺀다.
2 준비한 재료를 잘 섞는다.
3 와플기에 붓으로 오일을 살짝 묻힌다.
4 와플기에 재료를 넣어 만든다.

Check Point

• 과일이나 수제잼을 올려 토핑한다.

단호박 오리치즈말이

재료

단호박 1/2개
오리안심 250g
무염치즈 2장
파슬리 소량

만들기

1 단호박은 깨끗하게 씻은 후 찜기에 넣어 익힌다.

2 껍질과 씨를 제거하고 1~1.5cm 두께로 일정하게 잘라준다.

3 오리는 지방을 제거하고 식초물에 담가 10분 이상 소독한다.

4 소독한 오리는 흐르는 물에 세척 후 0.5cm 정도의 얇은 두께로 길게 자른다.

5 단호박에 오리를 돌돌 말아준다.

6 무염 슬라이스 치즈를 적당히 잘라 올려준다.

7 170℃로 예열된 오븐에 넣어 10분간 구워낸다.

Check Point

- 오리안심 대신 닭가슴살을 이용하면 닭가슴살 단호박말이가 완성된다.

고구마스틱 닭봉

난이도
★★★

소요시간
30분

재료

고구마 1개
닭가슴살 200g
당근 20g
브로콜리 20g

만들기

1 고구마는 찜기에 넣어 익힌다.

2 껍질을 제거하고 1~1.5cm 정도의 두께로 길게 자른다.

3 닭가슴살은 식초물에 담가 10분간 소독 후 흐르는 물에 세척한다.

4 당근과 브로콜리는 세척 후 끓는 물에 넣어 익힌다.

5 닭가슴살과 채소를 믹서기에 넣어 곱게 갈아준다.

6 잘라놓은 고구마스틱에 반죽을 둥글게 말아 붙여준다.

7 170℃의 예열된 오븐에 13분간 구워낸다.

Check Point

• 딱딱한 식감을 좋아한다면 오븐에서 구운 후 식품건조기에 살짝 건조해도 된다.

비건 브로콜리칩

난이도
★

소요시간
7시간

재료

두부 1/2모
브로콜리 50g
현미가루 30g

만들기

1 두부는 끓는 물에 살짝 데친 후 면포에 넣어 물기를 꽉 짠다.

2 브로콜리는 끓는 물에 살짝 데친 후 다져준다.

3 두부를 잘 으깬 후 브로콜리와 현미가루를 넣고 주걱으로 반죽한다.

4 지퍼팩에 담아 밀대로 밀어 펴 냉동실에 1시간 얼린다.

5 칼을 이용해 원하는 모양으로 잘라준다.

6 식품건조기에 올린 후 70℃에서 7시간 건조시킨다.

Check Point

• 현미가루 대신 쌀가루, 통밀가루로 대체 가능하다.

코코넛 오리 볼

난이도

★ ★

소요시간

30분

재료

오리안심 150g
당근 30g
코코넛가루 10g
달걀 1개
쌀가루 15g

만들기

1　오리는 지방을 제거하고 식초물에 담가 10분간 소독한다.

2　깨끗하게 세척 후 물기를 제거해 준다.

3　당근은 데쳐 익힌 후 적당한 크기로 잘라 준비한다.

4　모든 재료를 섞은 후 믹서에 넣고 갈아준다.

5　먹기 좋은 크기로 동글동글하게 성형해 패닝한다.

6　170℃로 예열된 오븐에 15분 구워낸다.

7　식기 전 코코넛 파우더 또는 코코넛칩을 표면에 굴려준다.

8　완전히 식힌 후에 제공한다.

Check Point

- 오리안심 대신 닭가슴살을 이용하면 닭가슴살 단호박말이가 완성된다.

오리 도넛

난이도
★★

소요시간
30분

재료

오리안심 200g
표고버섯 25g
당근 40g
브로콜리 40g
쌀가루 50g

만들기

1 오리는 지방을 제거하고 식초물에 10분간 담가 소독한다.

2 흐르는 물에 세척한 뒤 물기를 제거한다.

3 표고버섯과 당근, 브로콜리는 끓는 물에 익힌 뒤 물기를 제거한다.

4 오리와 채소를 다져준다.

5 쌀가루를 넣고 주걱으로 반죽한다.

6 모든 재료가 잘 섞였다면 미니도넛 틀에 채워 넣는다.

7 170℃의 예열된 오븐에 1분간 구워낸다.

닭다리

난이도
★★★

소요시간
35분

재료

반죽
닭가슴살 300g
두부 1/2모
현미가루 30g
달걀 1개
락토프리우유 10g

크리스피 껍질
쌀가루 20g
단호박 파우더 소량
달걀 소량

만들기

1 닭가슴살을 식초물에 10분간 담가 소독한 후 흐르는 물에 깨끗이 씻는다.

2 믹서기에 곱게 갈아 준비한다.

3 간 닭가슴살에 물기를 제거한 두부와 현미가루, 달걀, 락토프리 우유를 넣고 손으로 치대준다.

4 반죽이 한 덩어리가 되었으면 닭다리 모양으로 성형한다.

5 트레이에 쌀가루를 계량해서 넣고 단호박 파우더를 넣은 뒤 달걀을 조금씩 넣어 소보로처럼 만들어준다.

6 성형한 닭다리 모양의 반죽 표면에 달걀을 살짝 묻힌 후 5번에 굴려 묻혀준다.

7 170℃의 예열된 오븐에서 20분간 구워낸다.

닭가슴살 핫도그

난이도
★

소요시간
30분

| 재료 |

닭가슴살 250g
양배추 15g
당근 15g
시금치 15g
쌀가루 1스푼

| 만들기 |

1 닭가슴살은 식초물에 10분 담가 소독한 뒤 깨끗하게 씻어준다.

2 당근과 시금치는 살짝 데쳐서 준비한다.

3 닭가슴살 200g과 채소류 재료를 믹서에 넣고 갈아준다.

4 나머지 닭가슴살은 토핑용으로 길게 잘라놓는다.

5 믹서에 간 반죽에 쌀가루를 한 스푼 넣어 되직하게 반죽해 준다.

6 반죽을 짤주머니에 넣어 오픈팬에 넓이 2cm, 길이 6~7cm 정도로 짜준다.

7 그 위에 토핑용 닭가슴살을 올려준다.

8 170℃의 예열된 오븐에 15분간 구워낸다.

Check Point

• 재료는 모두 1:1 비율로 만들면 된다.

• 시리얼을 잘 안 먹으면 믹서기에 갈아 파우더로 사용해도 좋다.

참치햄버거

난이도
★★

소요시간
30분

재료

참치캔 30g
당근 10g
브로콜리 10g
쌀가루 10g
달걀 1개
올리브오일 소량
양배추 소량
파프리카 소량
쌀 제누아즈

만들기

1　참치캔의 참치는 물에 씻어 기름기와 염분을 제거하고 물기를 짜 낸다.

2　당근과 브로콜리는 잘 익힌 후 잘게 다진다.

3　참치와 당근, 브로콜리에 달걀을 넣고 쌀가루를 넣어 반죽한다.

4　기름 두른 팬에 작은 원형으로 구워낸다.

5　쌀로 만든 제누아즈도 같은 크기로 자른 후 팬에 살짝 구워준다.

6　양배추와 파프리카는 살짝 데친 후 작게 썰어 준비한다.

7　제누아즈에 참치패티를 올리고 양배추, 파프리카를 순서대로 올린 후 제누아즈로 덮어준다.

8　닭가슴살 스틱 또는 고구마스틱으로 가운데를 고정해 준다.

Check Point

- 오리안심 대신 닭가슴살을 이용하면 닭가슴살 단호박말이가 완성된다.

참치 마들렌

난이도
★★★

소요시간
20분

재료

닭가슴살 100g
참치 60g
쌀가루 100g
달걀 1개
락토프리우유 10g
코코넛오일 5g
검은깨 소량

만들기

1 닭가슴살은 식초물에 10분 담가 소독한 후 물기를 제거하고 잘 게 다진다.

2 참치캔의 참치를 따뜻한 물로 씻은 뒤 기름을 제거하고 물기를 없앤다.

3 큰 볼에 달걀을 풀고 쌀가루를 체 쳐서 넣은 후 주걱으로 섞는다.

4 다진 닭가슴살과 참치, 우유, 코코넛오일을 넣고 마저 반죽한다.

5 마들렌틀 표면에 코코넛오일 또는 올리브오일을 붓으로 꼼꼼하 게 바른다.

6 틀에 검은깨를 적당히 올린 후 반죽을 2/3 채워 넣는다.

7 170℃의 예열된 오븐에 15분간 구워낸다.

Check Point

- 참치캔의 기름은 꼭 제거해서 사용한다.
- 따뜻한 물에 여러 번 헹궈 사용할 것을 추천한다.
- 검은깨는 생략 가능하다.

닭가슴살 누룽지카나페

난이도
★★

소요시간
20분

재료

닭가슴살 100g
당근 20g
브로콜리 20g
단호박 20g
누룽지

만들기

1 닭가슴살은 식초물에 10분간 소독 후 물기를 제거하고 다져서 준비한다.

2 당근과 브로콜리, 단호박은 잘 익혀서 다져준다.

3 닭가슴살과 채소를 섞어 한 덩어리로 만들어준다.

4 누룽지를 적당한 크기로 자른 후 반죽을 떼어 올려준다.

5 토핑용 누룽지와 채소를 올려서 데코한다.

6 170℃의 예열된 오븐에 8분간 구워낸다.

Check Point

• 누룽지는 시중에서 판매하는 것을 사용하면 편리하다.

• 검은깨는 생략 가능하다.

소고기 황태 푸딩

난이도
★

소요시간
1시간

재료

소고기 홍두깨살 10g
황태스틱 10g
황태 파우더 5g
물 50g
한천 15g

만들기

1 소고기는 삶은 후 조각으로 잘라서 준비한다.

2 황태스틱은 소고기와 비슷한 크기로 잘라놓는다.

3 냄비에 물과 황태 파우더를 넣고 보글보글 끓으면 한천을 넣은 후 잘 풀어준다.

4 준비한 소고기와 황태조각을 넣어 잘 섞은 후 용기에 부어 냉장고에서 1시간 굳힌다.

Check Point

• 누룽지는 시중에서 판매하는 것을 사용하면 편리하다.

단호박 케이크

난이도
★★★★

소요시간
1시간 이상

재료

시트
쌀가루 50g
단호박 50g
두부 1/2모
달걀 1개

크림
두부크림 200g
캐롭 파우더 소량
비트 파우더 소량

만들기

1 단호박은 깨끗하게 씻은 후 씨와 속을 제거하고 찜기에 쪄준다.

2 껍질을 벗기고 잘 으깨어 놓는다.

3 두부는 살짝 데친 후 물기를 제거하고 으깨어준다.

4 큰 볼에 달걀을 거품기로 풀고 쌀가루를 체 쳐서 넣고 섞어준다.

5 단호박과 두부를 넣어 잘 섞는다.

6 미니사이즈 하트케이크틀에 유산지를 두르고 반죽을 모두 넣어 준다.

7 예열된 오븐 170℃에 10분간 구운 후 틀에서 꺼내어 완전히 식힌다.

8 두부크림에 캐롭 파우더와 비트 파우더로 색을 만들어준다.

9 시트 위에 원하는 디자인으로 아이싱한다.

두부고구마 케이크

난이도

★★★

소요시간

1시간 이상

재료

시트
두부 100g
고구마 200g

크림
두부크림 200g
캐롭 파우더 소량
비트 파우더 소량

만들기

1 두부는 살짝 데친 후 면포에 물기를 짠다.

2 고구마는 찜기에 찐다.

3 두부와 고구마를 으깨어 섞어준다.

4 무스틀에 으깬 두부, 고구마를 채워 넣은 후 냉장고에 30분 이상 둔다.

5 무스틀에서 꺼낸 후 두부크림에 파우더를 넣어 색을 내고 원하는 모양으로 파이핑한다.

입체 생일케이크

난이도
★★★★★

소요시간
1시간 이상

재료

시트
달걀 3개
쌀가루 100g
올리브오일 소량
　(생략 가능)
꿀 1스푼

크림
두부크림
오징어먹물 파우더
비트 파우더 소량

만들기

1　볼에 달걀을 풀어주고 쌀가루를 체 쳐서 주걱으로 자르듯 섞어준다.

2　올리브오일과 꿀을 한 스푼 넣어 마저 섞어준다.

3　예열된 오븐 170℃에서 15분간 구워낸다.

4　틀에서 꺼낸 후 완전히 식힌다.

5　두부는 살짝 데친 후 면포에 걸러 물기를 제거한다.

6　단단한 코티지치즈는 두부와 동량으로 준비해 두부와 함께 블렌더로 곱게 간다

7　부드러운 크림제형이 될 때까지 갈아 두부크림을 만들어준다.

8　두부크림은 천연파우더를 섞어 색을 내고 짤주머니에 담에 시트 위에 원하는 모양으로 데코한다.

소간 양갱

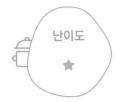

난이도

★

소요시간

1시간

재료

소간 파우더 20g
물 100g
한천 20g

만들기

1 냄비에 물을 부어 보글보글 끓어오르면 한천을 넣어 거품기로 풀고 불을 끈다.

2 소간 파우더를 넣어 주걱으로 잘 섞어준다.

3 준비한 틀에 부은 후 냉장고에 1시간 보관한다.

Check Point

- 소간 파우더 대신 멸치 파우더, 황태 파우더 등을 사용해 다양한 양갱을 만들 수 있다.

소고기 육포말이

난이도
★★

소요시간
1차 : 2시간
2차 : 7시간

재료

소고기 우둔살
200g
배즙 소량
구운 땅콩 소량

만들기

1 소고기는 지방이 적은 우둔살을 준비한다.

2 식초물에 30분 이상 담가 핏물을 빼고 소독한다.

3 배즙에 20분 정도 담갔다가 꺼낸다.

4 깨끗한 물에 세척 후 키친타월로 물기를 닦아준다.

5 얇게 포를 뜨듯 썰어준다.

6 식품건조기에 올려 2시간 건조시킨다.

7 살짝 건조된 소고기를 적당한 크기로 잘라 구운 땅콩을 가운데 넣고 접은 뒤 붙여준다.

8 식품건조기에 다시 올린 후 7시간 더 건조시킨다.

육포다식

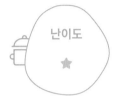

난이도
★

소요시간
1차 : 1시간
2차 : 11시간
이상

재료

소고기(돼지고기, 닭
고기 등) 1kg
배 1/2개
생강 조금
무 30g
꿀 1ts

만들기

1 고기는 육포용으로 준비하거나 1cm 두께로 도톰하게 썬다.

2 배, 생강, 무를 넣고 곱게 갈아 즙을 낸다.

3 즙에 고기를 1시간쯤 담근 후 물기를 뺀다.

4 에어프라이어에서 50℃로 3시간 or 건조기에서 50~55℃로 5
시간 건조시킨다.

5 바싹하게 말린 후 가루로 만들어 꿀을 넣어 뭉친다.

6 다식틀에 비닐을 깐 후 뭉친 육포가루를 넣어 찍어낸다.

새우포 다식

난이도
★★

소요시간
30분

재료

새우 20마리
배 1/2개
대추고 1TS

만들기

1 새우는 등 쪽으로 반을 가르거나 눌러서 납작하게 편다.

2 배를 갈아 즙을 내서 대추고를 섞는다.

3 새우를 배즙에 넣어 1시간쯤 재운다.

4 건조기 50~55℃에서 3~5시간 건조시킨다.

우족

난이도
★

소요시간
12시간 이상

재료

냉동우족

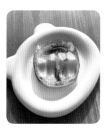

만들기

1 얼린 우족은 식초물에 10분 이상 담가 소독과 함께 해동해 준다.

2 흐르는 물에 여러 번 깨끗하게 세척해 준다.

3 키친타월로 물기를 깨끗하게 제거해 준다.

4 식품건조기에 올려 70℃에서 12시간 건조시킨다.

5 건조된 우족은 키친타월로 기름을 한번 더 닦아준다.

6 우족뼈 속의 기름 덩어리도 한번 더 제거해 준다.

오리목뼈

난이도
★ ★

소요시간
30시간 이상

재료

생오리목뼈

만들기

1 물에 오리목뼈를 담가 핏물을 제거한다.(핏물이 안 나올 때까지 물 교체)

2 가위로 지방을 제거해 준다.

3 차가운 물에 식초를 넣어(식초는 물 1kg당 한 스푼 정도) 손질된 오리목뼈를 30분 이상 담가 소독한다.

4 키친타월에 올려 물기를 제거해 준다.

5 식품건조기에 올린 후 70℃에서 20시간 건조 후 70℃에서 10시간 2차 건조해 준다.(건조상태 중간중간 확인하면서 시간 조절)

6 붉은 기가 없어지고 뼈가 드러나 보이면 완성이다.

돼지귀

난이도
★ ★

소요시간
15시간 이상

재료

돼지귀 2장
월계수잎 1~2장

만들기

1 돼지귀는 차가운 물에 식초를 떨어뜨린 후 30분간 담가서 소독한다.

2 깨끗하게 씻은 후 가운데 연골을 잘라서 펼쳐준다.

3 귀에 있는 잔여물을 깨끗하게 제거해 준다.

4 끓는 물에 월계수잎과 돼지귀를 넣고 삶아서 남은 잔여물과 기름을 제거한다.

5 삶은 돼지귀를 결 방향대로 길게 잘라준다.

6 식품건조기에 올린 후 70℃에서 13~15시간 건조한다.

7 건조가 완료된 돼지귀는 키친타월에 올려 기름기를 한번 더 제거해 준다.

닭발

난이도
★ ★

소요시간
10시간 이상

재료

생닭발

만들기

1 닭발은 식초물에 30분 이상 담가 소독해 준다.

2 흐르는 물에 깨끗하게 세척한 후 키친타월로 물기를 제거해 준다.

3 식품건조기에 올린 후 70℃에서 10시간 건조시킨다.

메추리

난이도
★★

소요시간
15시간 이상

재료

생메추리

만들기

1 물에 담가 핏물을 여러 번 제거해 준다.

2 메추리의 목부분 껍질을 아래로 당기며 껍질을 모두 벗겨준다.

3 메리추리의 안쪽 뼈 사이 부분은 칫솔로 세척해 준다.

4 날개는 제거해 주고 남은 지방도 깨끗하게 제거한다.

5 손질된 메추리는 식초물에 담가 30분 이상 소독한다.

6 깨끗하게 세척한 후 키친타월로 물기를 제거해 준다.

7 식품건조기에 올린 후 65℃에서 15시간 건조시킨다.

닭근위

난이도
★

소요시간
7시간 이상

재료

생닭근위

만들기

1 닭근위를 물에 담가 핏물을 제거한다.

2 지방을 제거하고 식초물에 담가 소독한다.

3 깨끗하게 세척 후 키친타월로 물기를 제거해 준다.

4 식품건조기에 올린 후 65℃에서 7시간 건조시킨다.

소간

재료

생소간

만들기

1 소간에 붙은 지방과 불순물을 가위로 제거한다.

2 물에 담가 핏물을 여러 번 제거해 준다.

3 식초물에 담가 소독하고 흐르는 물에 한번 더 세척해 준다.

4 1cm 정도 두께로 썰어준 후 키친타월로 물기를 제거한다.

5 식품건조기에 올린 후 70℃에서 15시간 건조시킨다.

소떡심

난이도

★★

소요시간

9시간 이상

재료

소떡심

만들기

1 소떡심에 붙은 지방을 제거해 준다.

2 끓는 물에 넣어 삶아준다.

3 익힌 소떡심을 한번 더 세척한 후 물기를 제거한다.

4 표면에 붙은 지방을 헝겊으로 밀면서 한번 더 제거해 준다.

5 넓이를 1.5cm 정도로 길게 잘라준다.

6 식품건조기에 올린 후 70℃에서 9시간 건조시킨다.

월병

난이도
★★★

소요시간
20분 내외

재료

돼지고기 100g
쌀가루 1/2컵
바나나 40g
딸기가루, 단호박가루 등

만들기

1 바나나를 간 후 쌀가루, 색가루를 넣어 반죽한다.
2 돼지고기를 곱게 다진 후 완자소를 만든다.
3 쌀가루반죽에 돼지고기소를 넣고 둥글게 만들어 월병틀에 찍는다.
4 찜기에 살짝 익힌다.

Check Point

• 완자소를 만들 때 잘 먹지 않는 채소류를 다져 넣는다.
• 월병틀에 오일을 살짝 묻히면 예쁘게 된다.

03

반려견과 함께

자연식 / 화식

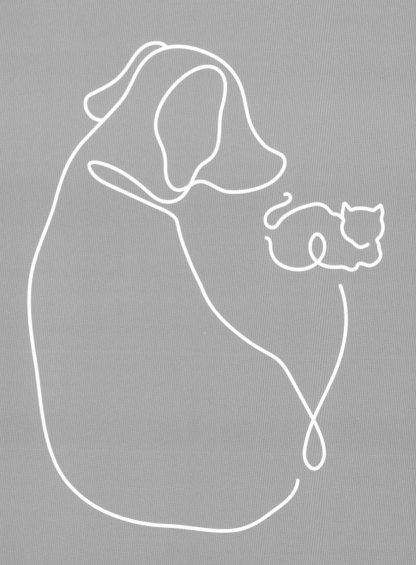

고기묵

난이도
★★

소요시간
30분

재료

고기 200g
당근 30g
브로콜리 30g
팽이버섯 1/5개
한천가루 1TS
육수 1컵
캐롯분말 1ts

만들기

1 찬물에 고기를 삶아서 체에 밭쳐 육수를 준비하고 고기는 깍둑썬다.
2 채소류를 굵게 다지듯이 썬다.
3 식힌 육수 1컵에 한천가루를 넣어 푼다.
4 한천 육수에 채소류, 고기를 넣어 끓인다.
5 한소끔 끓으면 틀에 담아 상온에서 30분 이상 굳힌다.

Check Point

• 냉장고에서 굳혀도 된다.
• 비트를 넣거나 다양한 가루를 넣어 층층이 만든다.

누룽지참치피자

난이도
★★★

소요시간
30분

재료

누룽지
고구마 1개
각종 채소 50g
참치 1/2캔
달걀 1개
어린이용 치즈

만들기

1 밥누룽지를 준비한다.
2 고구마는 푹 익혀서 으깬다.
3 달걀은 지단을 만든다.
4 참치는 체에 밭쳐 뜨거운 물을 한번 부어 기름기를 뺀다.
5 누룽지 위에 고구마를 깔고 참치, 채소로 토핑한다.
6 토핑한 누룽지에 치즈를 올린 후 팬 뚜껑을 닫고 굽는다.

Check Point

• 누룽지 대신 연근이나 감자를 곱게 다지거나 채쳐서 노릇노릇 팬에 구워 사용한다.

단호박과일샐러드

난이도
★★

소요시간
20분

재료

단호박 30g
딸기 20g
셀러리 20g
오이 20g
사과 20g
베이비채소 20g

소스
소고기 100g
들깻가루 20g
물 1TS

만들기

1 단호박은 전자레인지에서 익혀 깍둑썬다.
2 과일은 껍질을 벗기고 채소류도 씻어 깍둑썰기한다.
3 소고기는 곱게 다진 후 팬에 볶아 익힌다.
4 볶은 소고기, 들깻가루, 물을 넣고 잘 섞어 소스를 만든다.
5 준비한 재료와 소스를 잘 섞어 완성시킨다.

Check Point

● 소고기 대신 다진 멸치를 볶아서 소스를 만든다.

단호박 닭가슴살 완자

난이도
★★★

소요시간
30분

재료

닭가슴살 100g
단호박 100g
당근 20g
브로콜리 20g
어린이치즈 소량

만들기

1 닭가슴살은 깨끗하게 씻어서 준비한다.

2 단호박은 껍질과 씨를 제거하고 찜기에 찐다.

3 당근, 브로콜리는 끓는 물에 익힌다.

4 단호박을 제외한 모든 재료를 믹서에 넣고 갈아준다.

5 찐 단호박은 큐브 모양으로 잘라준다.

6 갈아놓은 재료 가운데 큐브단호박을 넣고 완자모양으로 성형한다.

7 아기치즈를 위에 적당한 사이즈로 올린다.

8 찜기에 닭가슴살이 익을 정도로 쪄서 완성한다.

단호박두부죽

난이도

★

소요시간

15분

재료

단호박 60g
두부 50g
연근 20g
우엉 30g
소고기 40g
우유 1컵

만들기

1 소고기는 곱게 다져 마른 팬에 볶는다.

2 연근과 우엉 등 뿌리채소는 곱게 다지듯 썰어 익힌다.

3 단호박은 익혀서 데친 두부와 함께 우유를 넣고 간다.

4 재료를 함께 넣어 한소끔 끓인다.

Check Point

● 제철의 채소를 이용하여 다양한 죽을 끓인다.

달걀김밥

난이도
★★★★

소요시간
40분

재료

닭고기 150g
우엉 50g
파프리카 1/4개
당근 1/5개
시금치 50g
오일
달걀 1개

만들기

1 닭고기는 곱게 간다.
2 우엉과 당근, 파프리카는 채썰어 볶고 시금치는 데친다.
3 달걀은 풀어서 체에 내린다.
4 닭고기를 펼치고 채소를 얹어 돌돌 만다.
5 찜기에 20분 찐 후 팬에서 달걀물을 입힌다.

Check Point

- 도마 위에 김발, 랩을 깔고 그 위에 닭고기를 펼쳐서 재료를 싼다.
- 닭고기는 전자레인지에 익혀도 된다.

달걀찜

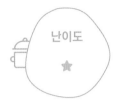

난이도
★

소요시간
15분

재료

달걀 2개
육수 2TS
당근 20g
파프리카 10g
청경채 20g
콜리플라워 20g

만들기

1 달걀에 육수를 넣고 잘 섞는다.
2 재료는 깍둑썰어 푼 달걀에 잘 섞는다.
3 김 오른 찜기에 10분간 찌거나 전자레인지에 3분간 돌린다.

Check Point

- 채소를 잘 먹지 않는다면 재료를 곱게 다져도 좋다.
- 소고기 등 다른 고기류도 함께 넣는다.

닭가슴살 수프

난이도
★★

소요시간
30분

재료

닭가슴살 150g
당근 1/2개
브로콜리 20g
방울토마토 2알
쌀가루 1ts

만들기

1 닭가슴살을 깨끗이 씻은 후 찬물에 끓여 육수를 낸다.
2 삶은 닭가슴살은 먹기 좋게 가늘게 찢는다.
3 토마토는 큐브로 썬다.
4 육수에 당근과 브로콜리를 넣고 끓인다.
5 찢은 닭가슴살과 토마토를 넣고 한소끔 끓인 후 쌀가루를 넣어 잘 젓는다.

Check Point

• 쌀가루 대신 감자전분이나 달걀을 풀어 넣는다.

닭고기탕수

난이도
★★

소요시간
30분

재료

닭고기 80g
콜리플라워 20g
목이버섯 20g
비트 20g
취나물 30g
방울토마토 4알
누룽지(손바닥크기) 2개
물(두유)

만들기

1 물을 넣고 닭고기와 누룽지를 넣고 끓인다.

2 채소는 먹기 좋게 다지듯 자른다.

3 팬에 다진 채소를 넣고 볶는다.

4 3에 두유를 넣고 잘박하게 끓인다.

Check Point

• 걸쭉하게 하고 싶으면 전분가루를 1ts 넣어 끓인다.

닭고기테린

자연식 / 화식

난이도

★★★

소요시간

30분

재료

닭가슴살 250g
파프리카 30g
당근 30g
셀러리 30g
보리순가루
비트가루

만들기

1   닭가슴살, 파프리카, 당근, 셀러리를 곱게 다진다.
2   재료를 3~5등분해서 준비한 각색 가루를 넣고 잘 치댄다.
3   각색의 재료를 꼭꼭 담아서 찜기에 넣고 찐다.
4   먹기 좋은 크기로 썬다.

Check Point

- 단호박가루, 시금치가루 등 다양한 채소가루를 사용한다.
- 닭가슴살은 다지기에 곱게 갈아서 사용한다.
- 실리콘몰드에 넣어서 전자레인지에 돌려도 된다.

동그랑땡

난이도
★★

소요시간
30분

자연식 / 화식

재료

고기 100g
취나물 25g
버섯 50g
감자 1알
식물성 오일

만들기

1 고기를 곱게 다져서 준비한다.

2 채소, 버섯은 곱게 다지고 감자는 삶아서 으깬다.

3 준비된 재료를 넣고 치댄 후 모양을 만든다.

4 팬에 오일을 두른 후 노릇하게 굽는다.

Check Point

- 감자 대신 단호박이나 고구마를 사용해도 된다.

두부경단

난이도

★★★

소요시간

30분

재료

두부 1모
소고기 100g
비트 20g

만들기

1 두부는 뜨거운 물을 부어 씻은 뒤 물기를 없앤 후에 으깬다.

2 소고기, 비트는 곱게 다져 소를 만든다.

3 두부 1/2을 팬에 고슬고슬하게 볶는다.

4 나머지 으깬 두부에 소를 넣어 둥글게 완자를 만든다.

5 김 오른 찜기에 두부완자를 찐다.

6 두부소보로(3)에 굴린다.

Check Point

• 두부소보로에 땅콩을 살짝 갈아 넣어도 좋다.

두부관자구이

난이도
★★

소요시간
20분

재료

두부 1/4모
관자 4알
식물성 오일

만들기

1 두부는 끓는 물에 살짝 데친 후 물기를 뺀다.

2 관자는 씻어서 깍둑썰기하거나 반으로 자른다.

3 두부와 관자를 노릇하게 굽는다.

Check Point

• 위에 데코하는 채소는 평소 반려견이 잘 먹는 것으로 하면 좋다.

메추리알샐러드

난이도
★★★

소요시간
30분

재료

메추리알 5알
비트 10g
검은깨 1ts
우유 1TS
치자
백년초(비트)
시금치가루 등

만들기

1 메추리알은 삶아서 껍질을 깐다.

2 삶은 메추리알을 반으로 가른 뒤 노른자를 파낸다.

3 반으로 가른 흰자는 비트물, 치자물, 시금치물 등에 담가서 색을 입힌다.

4 노른자, 우유, 깨를 섞어 으깬다.

5 파낸 메추리알에 3을 얹는다.

Check Point

• 노른자에 여러 채소 등을 섞는다.
• 노른자는 짤주머니에 넣어 짜면 쉽다.

메추리알완자

난이도
★★★

소요시간
30분

재료

메추리알 5알
돼지고기
파래가루
딸기가루 1ts

만들기

1 메추리알은 삶아서 껍질을 깐다.
2 돼지고기는 다져서 치댄다.
3 메추리알에 돼지고기를 감싼 후 찜기에 찐다.
4 가루에 굴린다.

모둠적

난이도
★★★

소요시간
20분

재료

새송이버섯
돼지고기
오이
당근
달걀
오트밀가루

만들기

1 당근, 새송이를 같은 길이로 막대썰기하여 살짝 데친다.
2 돼지고기는 채소류보다 1cm 길게 썰어 팬에 굽는다.
3 오이는 씨를 제외하고 같은 길이로 썬다.
4 준비한 재료들을 꼬치에 꽂는다.
5 꼬치에 오트밀가루, 푼 달걀을 묻혀 노릇하게 구워낸다.

Check Point

● 게살, 표고버섯 등 다양한 재료를 이용한다.

무만두

난이도

★★★★

소요시간

30분

재료

무 6장
닭고기 50g
두부 1/4모
청경채 50g
숙주나물 50g
달걀 1/2개
비트
찹쌀가루 1ts

만들기

1 무를 둥글게 슬라이스해서 비트물에 담근다.

2 두부는 한번 데치고 물기를 뺀 후에 으깬다.

3 숙주도 데쳐서 곱게 다진다.

4 청경채는 데쳐서 곱게 다지고 닭고기도 곱게 다진다.

5 재료에 달걀을 넣고 치대서 소를 만든다.

6 무의 물기를 뺀 후 소를 넣고 찹쌀가루를 끝에 묻혀 가장자리를 붙인다.

7 찜기에 20분간 찐다.

Check Point

- 오미자, 시금치물 등에 담근다.
- 닭고기를 익혀서 소를 만들면 찌지 않고 먹어도 된다.

미역국

난이도
★★★

소요시간
30분

재료

미역 10g
소고기(양지머리) 150g
오일
육수

만들기

1 미역을 바락바락 씻어 헹군 후 10분간 물에 담근다.
2 소고기는 깍둑썰기로 준비한다.
3 팬에 오일을 두르고 고기를 볶다가 미역을 넣고 볶는다.
4 팬에 육수를 2TS 넣고 충분히 볶는다.
5 물을 3컵 정도 붓고 팔팔 끓으면 약불로 줄여 10분간 더 끓여 완성한다.

Check Point

- 들깻가루를 곱게 갈아 넣어도 구수하다.
- 고기 대신 홍합, 참치 등으로도 끓인다.

배추만두

난이도	소요시간
★★★	30분

재료

돼지고기 200g
두부 50g
당근 1/4개
청경채 3잎
표고버섯 2개
배추 4잎

만들기

1 돼지고기는 얇게 썰거나 채썬다.

2 청경채와 당근, 표고버섯은 곱게 채썬다.

3 데친 두부의 물기를 없애고 으깬 후 재료들을 섞는다.

4 배추 잎을 펴고 소재료를 넣어 돌돌 만다.

5 김 오른 찜기에 찐다.

Check Point

- 양배추 등 잎 넓은 채소로 만든다.
- 배추는 찌고 다른 재료들은 볶아서 말아도 된다.

버섯 파스타

난이도
★★★

소요시간
30분

재료

두부 1/4개
우유 1컵
두부면 70g
느타리버섯 20g
양송이버섯 1개
팽이버섯 1/4개
브로콜리 1조각
오일
파슬리가루

만들기

1 두부는 살짝 데친 뒤 우유를 넣고 믹서에 갈아 놓는다.
2 끓는 물에 두부면을 삶는다.
3 버섯은 같은 길이로 썰어 오일에 볶는다.
4 갈아놓은 두부소스에 버섯을 넣고 걸쭉하게 끓이다가 두부면을 넣어 볶는다.
5 파슬리가루를 뿌려서 완성시킨다.

Check Point

• 토마토를 갈아 소스로 써도 좋다.
• 우유 대신 두유 등을 사용한다.

번데기탕

난이도
★★

소요시간
100분

재료

번데기 40g
아스파라거스 2줄
캐롭분말

만들기

1 아스파라거스는 동글동글 썬다.
2 육수에 캐롭분말, 번데기를 넣고 끓인다.
3 아스파라거스를 넣고 한소끔 더 끓인다.

Check Point

• 캔 번데기는 체에 밭쳐 물기를 없앤 후 찬물에 담갔다가 사용한다.

새우볶음밥

난이도
★

소요시간
15분

재료

새우 3마리
잡곡밥 1컵
브로콜리
옥수수 15알
당근 20g
미니파프리카 1/3개
오일

만들기

1 새우는 깍둑썰기한다.

2 채소도 작게 깍둑썰기한다.

3 오일에 채소를 넣고 볶다가 새우도 넣어 볶는다.

4 밥을 넣고 한번 더 볶는다.

Check Point

- 오일은 코코넛오일 또는 올리브오일을 사용하면 된다.
- 흑미로 해도 좋다.

소고기말이

난이도
★★★

소요시간
30분

재료

소고기 200g
오이 20g
당근 20g
시금치 20g
파프리카 20g
감자전분 1TS

만들기

1 홍두깨살을 얇게 썰어 펼친다.

2 당근, 시금치, 파프리카는 끓는 물에 익힌다.

3 오이는 껍질을 제거하고 씨를 제거한다.

4 당근, 시금치, 파프리카, 오이를 비슷한 크기로 길게 자른다.

5 얇게 펼친 홍두깨살 위에 감자전분을 얇게 묻힌다.

6 준비한 채소류를 모두 올리고 김밥 말듯 싸준다.

7 찜기에 찐 후 랩으로 말아 냉장고에 30분간 보관한다.

8 먹기 좋은 크기로 잘라 제공한다.

양송이구이

난이도
★★★

소요시간
30분

재료

양송이 5알
연어 70g
어린이용 무염치즈
   1/2장

만들기

1   양송이는 씻어서 꼭지를 따고 속을 파낸다.

2   양송이꼭지, 속은 다진다.

3   연어는 깍둑썰기하여 양송이 다진 것과 섞는다.

4   양송이 속에 연어소를 채우고 어린이용 치즈를 얹는다.

5   에어프라이어에 넣고 굽는다.

Check Point

• 파래, 파슬리가루 등을 뿌린다.

양송이수프

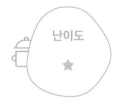

재료

양송이 3개
오리고기 50g
두유 1컵
오트밀가루
코코넛오일

만들기

1 코코넛오일에 오트밀가루를 넣고 노릇하게 볶는다.

2 양송이, 오리고기는 다지듯 썰어 1에 섞어 볶는다.

3 두유를 넣고 걸쭉하게 끓인다.

Check Point

- 오리고기는 기름기, 막을 걷어내고 사용한다.

연근찜

난이도

★★★

소요시간

30분

재료

연근 1/2개
돼지고기 70g
시금치 30g
당근, 옥수수 1TS
시금치가루
단호박가루 등

만들기

1 연근은 껍질째 깨끗이 씻어 천연가루물에 담가 색을 입힌다.

2 돼지고기, 시금치, 당근은 다진다.

3 연근 구멍에 각 재료들을 넣는다.

4 김 오른 찜기에서 찐다.

5 먹기 좋게 동글동글 썬다.

Check Point

• 천연가루물은 비트, 시금치, 당근, 단호박가루 등을 따듯한 물에 풀어 만든다.

영양죽

난이도
★★★

소요시간
30분

재료

밥 70g
소고기 50g
당근 20g
양배추 20g
애호박 20g
브로콜리 10g
새송이, 파프리카
무 20g

육수
황태머리 1개
무 20g
다시마 1장, 물

만들기

1 다시마는 씻어 찬물에 담그고 황태머리도 씻는다.

2 불린 다시마, 각종 채소, 소고기는 다지듯 깍둑썬다.

3 다시마물에 황태머리, 무를 넣어 팔팔 끓인 뒤 황태머리는 건진다.

4 팔팔 끓는 육수에 밥과 준비한 재료를 넣고 나무주걱으로 저어가며 뭉근히 익힌다.

Check Point

• 황태는 한번 씻은 후에 사용해야 염분을 제거할 수 있다.
• 쌀을 불려 냄비에 볶은 후 육수를 부어 끓여도 된다.

오리고기떡갈비

난이도
★★★★

소요시간
30분

재료

오리가슴살 100g
닭고기 100g
당근 20g
삶은 시래기 20g
견과류
현미가루

만들기

1 오리가슴살은 곱게 다진다.
2 당근과 시래기도 곱게 다진다.
3 오리와 당근, 시래기를 섞은 뒤 현미가루와 견과류를 섞어 치댄다.
4 먹기 좋은 크기로 둥글고 납작하게 만든다.
5 오일 두른 팬에 노릇하게 구워낸다.

Check Point

• 오븐이나 에어프라이어에 구워도 된다.

완자탕

난이도

★★★

소요시간

30분

재료

고기 150g
숙주나물 50g
표고버섯 2개
현미가루 10g
팽이버섯 20g

만들기

1 고기는 곱게 다진다.

2 준비한 채소도 곱게 다져서 준비한다.

3 고기와 채소, 현미가루를 넣어 치댄 후 완자를 만든다.

4 끓는 육수에 완자와 숙주나물을 넣어 고기가 익을 때까지 끓인다.

Check Point

• 고기를 다진 뒤 다양한 채소를 넣어서 반죽을 만들어 놓으면 완자로 혹은 탕이나 전으로 만들어 제공하기 편리하다.

주먹밥

난이도
★

소요시간
20분

재료

밥 1/2공기
소고기 100g
채소류 조금

만들기

1 고기는 다져서 팬에 볶는다.

2 채소도 다져서 볶는다.

3 밥에 고기와 채소를 섞어서 주먹밥을 만든다.

Check Point

● 반려견이 먹기 좋은 크기로 만들면 좋다.

채소말이

난이도
★★★

소요시간
30분

재료

가지, 당근, 오이
　각 3줄
돼지고기 100g

단촛물
식초 2TS
물 1컵
대추고 1TS

만들기

1　준비한 채소는 채칼로 길고 얇게 썬다.

2　돼지고기도 길게 썬다.

3　채소는 단촛물에 20분 담근 후 물기를 뺀다.

4　오일을 약간 두르고 돼지고기를 노릇하게 굽는다.

5　채소에 돼지고기를 두르고 돌돌 만다.

Check Point

• 채소를 고기 구운 팬에 구워내도 된다.
• 무에 여러 가지 색을 입혀서 말아도 예쁘다.

콩나물국

난이도

★★★

소요시간

30분

재료

콩나물 50g
황태 60g
달걀 1/2개

육수
황태머리
다시마 1장
물

만들기

1 황태, 다시마는 씻은 후 물을 넣고 끓여 육수를 만든다.
2 황태는 곱게 찢는다.
3 육수에 찢어 놓은 황태를 넣고 한소끔 끓인다.
4 달걀을 잘 풀어 넣어서 완성한다.

Check Point

• 황태, 다시마 등은 씻어서 잠시 담갔다가 사용하면 염분을 뺄 수 있다.
• 밥을 조금 넣어 콩나물국밥으로 준다.

함지쌈

난이도
★★★

소요시간
30분

재료

라이스페이퍼 4장
감자 1알
오이 1/5개
당근 1/8개
표고버섯 1개
삼겹살 100g

만들기

1 감자는 푹 익혀서 으깬다.

2 오이, 당근, 표고버섯은 채썰어 볶는다.

3 삼겹살도 노릇하게 구워 지방을 제거하고 채썬다.

4 감자에 재료를 넣어 섞는다.

5 라이스페이퍼를 뜨거운 물에 적셔 3을 넣고 돌돌 만다.

호떡

난이도
★★

소요시간
20분

재료

쌀가루 1/2컵
찹쌀가루 3TS
소고기 100g
우유 1/2컵
대추고 1TS

만들기

1 쌀가루, 찹쌀가루에 따뜻한 우유를 조금씩 넣어 반죽한다.

2 소고기는 다져서 팬에 볶는다.

3 반죽으로 소고기를 감싼 뒤 팬에 납작하게 굽는다.

4 호떡 위에 대추고를 발라 완성한다.

Check Point

- 대추고 만들기
  - 대추는 씨를 빼고 물에서 뭉근히 끓인다.
  - 체에 거른 후 끈적한 농도가 되도록 졸인다.

호박전

난이도
★★★

소요시간
30분

재료

애호박 1/2개
연어 100g
감자전분
오일 1ts

만들기

1   애호박은 도톰하고 둥글게 썰고 씨 부분은 없앤다.

2   연어는 다지듯 썬다.

3   애호박씨 부분에 연어를 넣고 감자전분을 묻힌다.

4   오일 두른 팬에 호박을 앞뒤로 노릇하게 지져낸다.

황태국

난이도
★★★

소요시간
30분

재료

황태 60g
무 30g
달걀 1/2개
오일

만들기

1 황태는 물에 담가 염분을 제거한다.
2 무는 납작납작하게 썬다.
3 황태와 무를 오일 두른 팬에 볶는다.
4 1에 물을 넣고 뽀얗게 끓인다.
5 달걀을 풀어서 4에 넣는다.

Check Point

● 파래가루 등을 뿌려서 낸다.

단호박떡갈비

난이도
★★★★

소요시간
30분 내외

재료

돼지고기 50g
소고기 50g
땅콩 20g
단호박 1/6쪽
식물성 오일

만들기

1 단호박은 손가락 굵기로 잘라 익힌다.
2 단호박을 꾸덕꾸덕하게 말린다.
3 돼지고기, 소고기, 땅콩은 곱게 다져 치댄다.
4 단호박을 떡갈비로 감싼다.
5 식물성 오일을 두른 팬에 떡갈비를 굴려가며 지진다.

Check Point

• 단호박은 쪄서 사용해도 괜찮지만 잘 부서지므로 떡갈비를 감싼 후 꼬치 등으로 굳을 때까지 고정시킨 뒤에 굳으면 꼬치를 뺀다.

반려견을 위한
아로마테라피

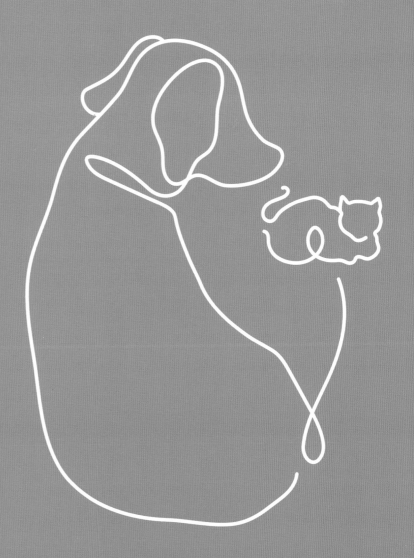

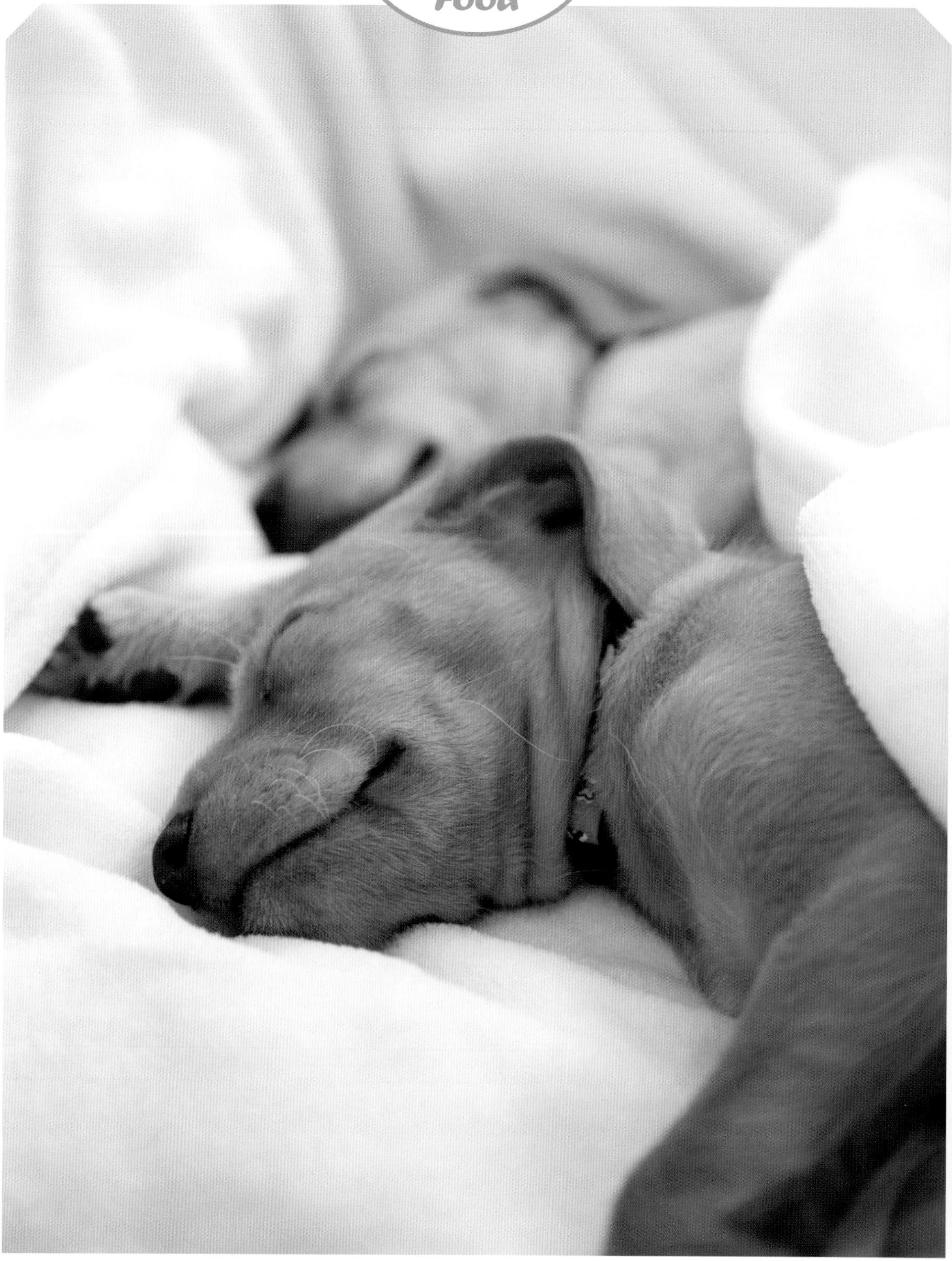

반려견을 위한
아로마테라피

아로마테라피 정의

아로마테라피는 여러 식물의 꽃, 씨, 나뭇잎, 나무껍질, 뿌리, 열매 등에서 추출한 정유Esseintial oil를 여러 방법으로 이용하여 인간의 신체를 비롯해 정서에까지 효능을 발휘하는 자연요법 중 한 가지이다.

Aroma therapy라는 용어는 프랑스 화학자인 Gattefosse에 의해 만들어진 Aromatherapi에서 유래된 영어이다. 아로마Aroma라는 단어는 향기 또는 달콤한 냄새 즉 미묘하게 스며드는 특징을 가진 식물 속의 향기, 향료와 기타 물질을 뜻한다.

1) 아로마테라피는 증류 등의 방법을 통해 우리에게 유익한 식물로부터 추출한 정유Essential oil를 이용해 마음과 몸을 다스리기 위한 체계적인 이론이다(Davis, 1988).

2) 아로마테라피는 식물의 정유를 이용해 치료의 목적을 가지고 몸과 마음을 다루는 것이다(Widwood, 1994).

3) 아로마테라피는 건강과 행복을 증진시키기 위해 천연식물 에센스를 이용하는 고대의 행위에서 비롯된 것이다(Prince, 1993).

이처럼 아로마테라피는 식물의 정유를 효과적으로 이용해 심신을 다루는 모든 관리를 의미한다. 아로마테라피(발향요법, 향치료법, 향기요법)라고 불리는 이 자연요법은 향의 입자가 코점막을 통해 후각신경을 자극하고 다시 뇌의 변연계(감정과 행동, 식욕, 기억력을 촉발하는 뇌의 한 부분)에 향에 대한 정보를 전달함으로써 질병 치료에 도움을 준다. 또한 아로마테라피는 용도에 따라 다양한 방법으로 누구나 쉽게 즐길 수 있다.

아로마테라피 역사

아로마테라피는 고대 문명인에 의해 발전된 전통 의학의 시초라고 말할 수 있다.

고대 사람들은 종교의식뿐 아니라 치료에도 식물을 사용해왔다.

원시인들은 여러 종류의 나무를 태워 생기는 연기로 인해 졸리거나 행복한 감정을 가지는 다양한 효과를 알게 되었을 것이다.

세계 여러 지역에서는 아로마 연기의 치유력이 계속 사용되었으며 최근에는 프랑스의 병원에서 사용되고 있기도 하다. 현대의 과학적 연구에서는 오래전에 이용된 나무 등에서 방부성이나 살균성을 증명하고 있다. 특별하고 마력적인 연기는 초기 종교적 신념의 기원을 고무시켰고 오늘날에도 의식적·종교적 도구로써 여전히 사용되고 있다.

아로마요법을 신개념으로 받아들이는 경향이 있으나 그 역사는 기원전까지 거슬러 올라간다.

BC 4500년경 이집트에서는 이미 많은 종류의 정유를 사용해 왔다는 것이 미라를 통해 알려졌고 상류층의 무덤에서는 시체의 부패 방지를 위해 아로마 성분을 사용했던 기록이 있다.

1922년에 발견된 기원전 1331~1322년의 통치자 투탕카멘의 무덤에서도 아로마 제품을 사

용했던 기록이 있다.

히포크라테스는 "건강 유지의 길은 아로마 목욕과 마사지를 매일 하는 것이다"라는 말을 했을 만큼 정기적인 아로마 관리는 긴장감을 완화시켜 주고 균형감을 유지시켜 질병을 예방할 수 있었다.

금세기에 들어 아로마테라피 연구가인 Gattefosse를 중심으로 체계화되면서 정유의 인체흡수경로가 증명되었고, 제2차 세계대전 때 외과의사 출신인 Dr. Jean Vlanet에 의해 각 정유의 치료의학적 특성이 검증되었다. 그는 군인의 화상이나 상처 치료에 정유를 사용하기도 했다. 또한 Robert Tisserand는 현존하는 최고의 아로마테라피스트로서 최초로 영어 아로마요법을 소개했으며 1934년 영국 최초로 정유의 시판을 시작했다.

현재 전 세계 여러 연구소에서 조금 더 과학적인 접근이 많이 시도되고 있다.

아로마테라피의 역사는 BC 4500~5000년경의 인도와 중국에서 처음 시작되었다.

중국에서는 사향을 사용한 기록이 있고 인도에서는 백난목, 생강, 몰약, 계피 등이 질병의 치유뿐 아니라 종교의식에서도 사용되었다. 고대 이집트인들은 몰약과 송진의 액을 죽은 시체에 발라 미라를 만들었으며 고대 그리스인들은 이집트로부터 아로마테라피의 의료 지식을 획득해 향의 종류에 따라 처방하는 방법을 발견했다. 고대 그리스의 의학자인 히포크라테스도 그의 저서에 치료용으로 사용될 수 있는 많은 식물들에 대해 언급하기도 했다.

르네상스 시대(14세기 말~16세기 초)에 전성기를 이루었던 아로마테라피는 19세기 말 현대 의학과 합성화학의 발달로 순수하게 치유되는 식물의 생리활성 성분에 대한 화학적합성이 가능해지면서 다양한 의약품이 저렴한 가격으로 대량생산되면서 서서히 잊혀지게 되었다.

하지만 20세기에 들어오면서 '현대 아로마테라피의 아버지'라 불리는 가테포세가 1937년에 아로마테라피에 관한 책을 저술하고 연구 결과에 효과가 있다는 사실이 밝혀지면서 의학영역에서도 아로마테라피가 이용되기 시작했다.

아로마테라피를 발전시킨 인물

아비세나(Avicenna, 본명 이븐 시나, 980~1037)

아로마테라피의 증기추출법을 처음 발견한 중요한 인물로 바그다드의 내과의였으며 칼리프의 개인 내과의였다. 800개 이상의 의학적 식물종을 설명하기도 했으며 오늘날 인정되고 있는 스포츠 마사지를 위한 기술을 포함해 마사지에 대한 설명을 적어두었다.

니콜라스 켈페퍼(1616~1654)

점술가이자 내과의였던 니콜라스 켈페퍼는 "파마코포이아"를 라틴어에서 영어로 번역해 국립 대학 내과의들의 분노를 샀다. 이것은 그 책에 있는 정보가 더이상 내과의나 다른 학자의 독점 소유물이 아니라는 것을 의미한다. "켈페퍼의 약초"로 불리는 책은 의학적 식물의 정보가 정확히 묘사되어 있으며 그것을 발견할 수 있는 장소까지 알려주고 있다.

르네 가테포세(1881~1950)

프랑스의 화학자 르네 가테포세가 아로마테라피라는 용어를 만든 것은 1928년이었다. 향수 연구실에서 실험을 하던 어느날 손에 화상을 입어 가장 가까이 있는 라벤더 오일에 손을 담갔는데 그 후 손은 흉터 없이 빠른 속도로 치유되었다. 가테포세는 라벤더 오일의 치료성분이 그가 연구해 온 화학 합성 치료제의 성분보다 월등히 낫다는 것을 알게 되었다. 결국 아로마오일의 향뿐만 아니라 그 자체의 화학적 성분을 고려한 다른 오일의 치료성분을 찾아내는 데 성공했다.

쟝 벨넷(동시대)

쟝 벨넷은 프랑스 의사로 제2차 세계대전 당시 외과의로 일하면서 가테포세의 연구에 자신의 결과물을 합쳤다. 의료용품이 부족했던 관계로 벨넷은 고심 끝에 효과가 증명된 오일을 발견했다. 벨넷은 가테포세와 여러 다른 연구가의 업적을 조합해 프랑스 전통 의학의 일부로써 아로마테라피의 과학적 유효성을 높였다.

아로마테라피 효과와 작용원리

아로마오일은 다양한 방법으로 몸속으로 흡수되고 배출된다.

피부를 통해 흡수되거나 폐를 통해 혈류로 흡수되거나 신경계를 통해 직접적으로 뇌의 변연계로 전달된다. 공기로 흡입했을 때 아로마 향은 폐와 얇은 벽의 모세혈관의 작은 기낭이나 폐포 사이에서 기체교환의 일부가 될 수 있다. 또한 오일 분자는 동시에 몸의 순환계를 통과할 수 있다.

크림이나 로션을 피부에 바르면 부분적으로 표피에 작용할수도 있다.

오일의 분자는 극히 작고 표피를 통해 진피로 통과하며 피부층에 유연성을 주게 된다. 진피는 모세혈관에 잘 공급되기 때문에 오일분자는 진피에서 모세혈관을 지나 순환계에 침투하게 된다. 우리 몸에 이상이 생기면 세포들의 극성 배치에 혼란을 나타내는데 향유의 분자들이 세포 사이의 체액을 누비면서 헝클어진 자성의 배열을 바로잡아 주어 증세를 호전시키거나 치유를 도와준다.

화학약품과는 다르게 아로마오일은 몸에서 배출이 잘 된다.

건강한 몸은 보통 3~6시간 정도 지나면 다양한 방법(소변, 땀 등)으로 배출된다.

반려견 아로마테라피 정의

Aroma(향) + Therapy(치유)의 합성어인 아로마테라피는 향으로 치유하는 대체의학에 가깝다. 식물에서 추출한 오일인 정유Essential Oil를 이용해 질병을 예방하고 치료하며 스트레스의 해소 및 통증완화 등을 목적으로 하는 치유법이다.

사람에게는 물론 우리와 함께 생활하는 반려동물에게도 아로마테라피 적용이 가능하다. 물론 사람에게 사용하는 아로마에 비해 매우 제한적이긴 하다.

반려동물은 사람과 피부도 다르고 소화능력 및 몸집이 모두 다르기 때문에 주의해서 사용해야 한다. 사람과 마찬가지로 반려견, 반려묘에게 적당하고 알맞은 아로마테라피를 적용한다면 분리불안이 있는 아이들은 편안함을 느낄 테고 피부병이 있는 아이들은 피부상태가 완화될 것이다.

반드시 주의해야 할 점은 반려견에게 사용하는 아로마의 양은 사람에게 사용하는 양의 1/6 정도를 사용해야 한다는 것이다. 여기에서도 견종, 나이, 몸무게, 질병 유무 등에 따라 희석하는 용량과 사용법이 다르기 때문에 매우 주의해서 사용해야 하는 것이 반려견 아로마이기도 하다.

반려견 아로마테라피 적용범위

1) 반려동물을 위한 행동교정
2) 반려동물을 위한 천연 수제비누
3) 반려동물을 위한 샴푸 및 트리트먼트
4) 반려동물을 위한 치약, 이어클리너, 풋밤 등의 제품
5) 반려동물을 위한 천연팩, 룸스프레이 등

적용하면 안 되는 아로마테라피

1) 섭취법 : 아로마오일을 직접 먹으면 식도에 문제가 생길 수 있다.
2) 원액 : 원액 그대로 피부에 바르거나 적용시킬 경우 화상, 트러블이 생길 수 있다.

반려견 아로마테라피 치료방법

1) 흡입법 : 후각이 뛰어난 코로 향을 흡입해 효과를 얻을 수 있다.
2) 마사지법 : 향기요법의 꽃이라고 할 만큼 효과적인 방법이다. 반려동물의 긴장을 이완시키고 스트레스를 해소시켜 준다. 마사지 시 오일을 함께 사용하면 시너지효과가 있다.
3) 목욕법 : 일반적으로 가장 쉽게 적용할 수 있다. 반려견 아로마테라피를 처음 접하는 분들에게 유용하며 아로마를 물에 떨어뜨려 사용하는 방법이다.
4) 습포법 : 신체 부위별로 찜질하는 방법이다. 따듯한 물에 적신 수건에 아로마오일 1~2방울을 떨어뜨려 통증부위에 감싸주는 방법이다.

반려동물과 사람의 피부조직 차이

	반려동물	사람
표피	3~5겹 얇음	10겹 이상 두꺼움
피지선	표피에 위치	진피에 위치
땀샘	발바닥에만 있음	전신에 있음
산도	pH 7.5 정도의 중성	pH 5 정도의 산성

반려견 아로마테라피의 기대 및 효능

1) 안정과 통증 완화 : 심신안정, 스트레스 완화, 근육 및 신경계 통증 이완
2) 노화방지 : 퇴행성 질병에 대해 혈액순환, 면역활성을 자극
3) 면역력 강화 : 신체 자극으로 면역 자극을 통해 활성을 유도
4) 혈액순환 촉진 : 근육을 이완, 수축하도록 자극함으로써 혈액순환이 촉진되어 노폐물 제거 및 영양 공급
5) 림프순환 : 혈액순환과 함께 림프순환을 촉진시켜 활력 및 건강 유지
6) 간기능 개선 : 혈액흐름을 개선해 간기능 향상 효과를 유도
7) 신장기능 개선 : 빈혈, 만성피로, 우울증 개선 등에 도움을 주며 배뇨기능 향상으로 체내 독소 제거
8) 근육이완 : 근육의 긴장을 이완시키는 효과로 근육통, 근육경직에 효과적
9) 관절통증 완화 : 염증과 통증을 완화시키고 척추를 형성하며 골막을 재생시키는 데 도움을 줌

10) 스트레스 완화 : 마사지를 통한 터치로 사람과 반려동물 간에 신뢰감이 형성되고 스트레스와 긴장을 이완시킴

11) 비만 예방 : 근육수축, 이완과 소화기관의 연동운동을 촉진시켜 체지방 연소에 도움을 줌

반려견 아로마테라피 주의사항

1) 반려동물의 무게 및 크기를 고려할 것(어린 강아지와 몸집이 작은 반려견 그리고 고양이는 조심)

2) 반려묘는 엔자임 글루쿠로니다아제가 부족하므로 모노터펜, 페놀성분의 화합물을 분해하지 못한다. 그렇기 때문에 섭취나 도포는 조심해야 하며 페놀이 풍부하게 들어 있는 오일 및 시트러스계 오일은 금지되고 있다.

   (🐾 모노터펜과 페놀이 풍부한 오일 : 레몬, 라임, 오렌지, 베르가못, 파인, 만다린, 그레이프프루트, 탠저린, 바질, 오레가노, 타임, 카시아, 시나몬, 클로브, 세이보리 등)

3) 고양이에게 좋은 오일(마조람 : 진통, 제음, 항바이러스, 살균, 구풍, 신경진정, 상처치료)

4) 특정식물에 독성반응이 있다면 그 식물에서 정유한 오일은 피할 것

5) 소량 사용하며 반드시 희석해서 사용할 것

6) 임신한 반려동물 금지오일 : 바질, 클라리세이지, 일랑일랑, 시나몬, 타임, 로즈메리

반려견 아로마테라피 금기사항

1) 뼈가 골절된 경우

2) 근육이 손상된 경우

3) 디스크가 있는 경우

4) 인대가 파열된 경우

5) 염증이 있는 경우

6) 림프 부종상태인 경우

7) 혈종이 있는 경우

8) 불안감이 너무 심한 경우

9) 임신했을 경우

10) 사료 제공 후 1시간 이내

11) 피로증상을 보이는 경우

12) 전염병이 있는 경우

13) 원인 불명의 질병이 의심되는 경우

반려견 아로마 마사지 시 주의사항

1) 반려견 아로마 마사지가 모든 질병을 치료해 주는 것은 아니라는 점을 숙지해야 한다.

2) 수의학적으로 증명된 치료법의 하나로 효과가 증명된 기법만 적용해야 한다.

3) 불분명한 질병이나 증상을 갖고 있는 반려동물은 수의사의 진단을 명확하게 받아야 하며 아로마 적용 여부에 대해 확인을 받은 후에 적용해야 한다.

4) 보호자 또는 마사지사는 반려동물에게 사랑을 갖고 기법을 적용해야 한다.

5) 정확한 기법과 효능, 레시피를 숙지하고 적용해야 한다.

6) 너무 과도한 힘을 가하면 통증, 근육손상 등을 입힐 수 있으니 적절한 힘을 가해야 한다.

7) 동물복지를 가장 기본으로 준수해야 하며 서로 행복감을 증진시킬 수 있어야 한다.

1. 분리불안을 해소해 주는 아로마테라피

분리불안 해소 롤온 만들기(5g)

재료

호호바오일 5g

아로마오일 라벤더 1방울

마조람 1방울, 만다린 1방울

만들기

1. 롤온용기를 소독한다.
2. 롤온용기에 호호바오일을 반 채우고 아로마오일을 떨어뜨린다.
3. 롤온용기에 호호바오일을 마저 채운 다음 뚜껑을 닫고 흔들어 사용한다.

2. 피모 개선을 위한 아로마테라피

피부염 완화 천연 수제비누(300g)

재료

MP base 300g

비타민 E 3g

글리세린 3g

캐모마일분말 3g

아로마오일 : 로만캐모마일 10방울, 라벤더 20방울

만들기

1. 냄비에 MP 비누베이스를 깍둑썰기해서 서서히 녹인다.
2. 비타민과 글리세린, 캐모마일분말을 넣고 잘 섞어준다.
3. 온도가 60~70℃ 사이가 되면 아로마오일을 넣고 마저 섞어준다.
4. 준비한 비누틀에 부어 완전히 굳힌 후에 사용한다.

3. 상처 치유에 도움이 되는 아로마테라피

상처연고(120g)

재료

헤이즐넛오일 30g

스위트 아몬드오일 30g

올리브오일 30g

해바라기오일 30g

비정제 비즈왁스 14g

시어버터 14g

아로마오일 : 미르(몰약) 4방울, 제라늄 4방울, 로즈메리 4방울

만들기

1. 비커에 오일류를 계량한 후 온도를 올리면서 섞어준다.

2. 비즈왁스와 시어버터를 넣어 마저 녹여준다.

3. 온도가 45~50℃가 되면 아로마오일을 넣고 잘 저어준다.

4. 굳기 전 용기에 담아 완전히 굳힌 후에 사용한다.

4. 모질 개선을 위한 아로마테라피

천연샴푸(250g)

재료

워터류 : 라벤더워터 60g, 로즈메리워터 30g

유연제 : 폴리쿼터 1.2g

계면활성제 : LES 100g, 코코베타인 30g

첨가물 : 글리세린 3g, 자몽씨추출물 2g, 실크아미노산 3g,
　　　　 EM발효액 20g

아로마오일 : 라벤더 10방울, 로즈메리 5방울, 티트리 5방울, 만
　　　　　　 다린 2방울

만들기

1. 비커에 워터류를 넣고 폴리쿼터를 넣어 약불에서 저어주며 걸쭉하게 만든다.
2. 점성이 생기면 불을 끄고 계면활성제를 넣어 조심스럽게 저어준다.
3. 첨가물과 아로마오일을 넣고 잘 섞은 후 용기에 담는다.

5. 피부 곰팡이 개선을 위한 아로마테라피

이어클리너(100g)

재료

정제수 60g

라벤더워터 10g

티트리워터 10g

캐모마일저먼워터 10g

편백워터 10g

아로마오일 : 티트리 5방울, 로즈메리 5방울

만들기

1. 비커에 정제수 및 워터류를 모두 계량해서 섞어준다.

2. 아로마오일을 떨어뜨린 후 섞어준다.

3. 용기에 담아 사용한다.

참고문헌

강아지 밥의 교과서 – 효오모리 도모코, 레드스톤, 2019

반려동물학 – 김옥진, 형설출판사, 2022

반려동물학 – 동물보건사교재편찬연구회, 형설출판사, 2021

강아지 영양학 사전 – 스사키 야스히코, 보누스, 2018

이세원 수의사 유튜브 – 개 알려주는 남자

펫아로마힐링지도사 1급, 2급 – 국제반려동물산업협회

Profile

김주아

- 상명대학교 예술학부 무대미술과 졸업
- 대구가톨릭대학원 외식산업학과 석사 재학 중
- 현) 스위트주아르 대표
- 전) 국제반려동물산업협동조합 대표
  참하다 아로마아카데미 대표
  한국핸드메이드아트협회 대구지부 분과장
  서초구 롱런아카데미 아로마테라피 출강, 중고등학교 방과후
  아로마테라피 출강 외 다수
- 자격증 : ARC 아로마테라피 국제자격증, 펫푸드지도사자격증, 반려
  동물장례지도사 자격증 외 다수
- 수상내역 : 제19회 대한민국 향토식문화대전 [전국건강증진개선경
  영대회] 보건복지부장관 대상, 제19회 대한민국 향토식문화대전&
  국제탑셰프그랑프리 최우수지도자상, 2022대한민국 향토식문화대
  전 대상 외 다수

전효원

- 영남대학교 식품영양학과 졸업
- 경기대학교 외식경영학 전공(박사)
- 현) 한국자연음식협회장, 이지(利智)사찰음식학교 원장
- 전) 대구가톨릭대학교, 서울문화예술대학교 출강
- (사)사찰음식명인, 향토식문화대전, 푸드&테이블웨어전 여성가족부
  장관상 외 다수
- 저서 : 아이좋아 가족밥상, 마음을 담은 사찰음식, 한식조리기능장 실
  기&필기, 슬로우푸드 맛의 방주

저자와의
합의하에
인지첩부
생략

행복 한 그릇, 건강 한 스푼
반려견의 자연식 펫푸드

2024년 5월 25일 초판 1쇄 인쇄
2024년 5월 31일 초판 1쇄 발행

지은이 김주아 · 전효원
사　진 손효재
펴낸이 진욱상
펴낸곳 (주)백산출판사
교　정 성인숙
본문디자인 신화정
표지디자인 오정은

등　록 2017년 5월 29일 제406-2017-000058호
주　소 경기도 파주시 회동길 370(백산빌딩 3층)
전　화 02-914-1621(代)
팩　스 031-955-9911
이메일 edit@ibaeksan.kr
홈페이지 www.ibaeksan.kr

ISBN 979-11-6567-845-6　03590
값 29,000원